土木デザイン

ひと・まち・自然をつなぐ仕事

福井恒明・佐々木葉・丹羽信弘・星野裕司・

末祐介・二井昭佳・山田裕貴・福島秀哉 著

学芸出版社

はじめに

土木デザインの展開：土木学会デザイン賞20年の歩み

　本書は、土木デザインをどう考えたらよいのか、その手がかりを伝える本である。

　今でこそ、道路や河川などの公共土木事業を進める際に「デザイン」というキーワードを使うことが普通になった。本書のタイトルにある「土木デザイン」という言葉にも、違和感をもたれることは少なくなってきたように思う。しかしそもそも、「土木」と「デザイン」との関係には一筋縄ではいかない経緯がある。

　戦後の公共土木事業において実質的な土木デザインが行われたのは、1960年代に開通した名神高速道路や首都高速道路などの道路分野が始まりである。しかし、この動きとは直接接続せずに土木分野に「デザイン」の導入をめぐる動きが乱立したのが、好景気下で公共土木事業に潤沢な予算が投入された1980年代のことである。現在の土木デザインにつながる橋や川のデザイン事例が生まれる一方、土木構造物に即物的な絵を描いたり、土木構造物の使用期間に比べて寿命の短い装飾材料が使用されたりした結果、批判や混乱も起こった。これに対して、1988年に発行された土木学会誌別冊『シビックデザイン 身近な土木のかたち』では、デザインの考え方が分野別に説明され、国内外の事例が紹介されている。土木におけるデザインの概念が混乱するなかで、「土木におけるデザインとはどのようなものか」という共通認識をつくるために、海外の事例や伝統的な景観を引き合いに出しながら、土木が提供する空間や構造物、さらに言えば国土の質をどのように高めていくかが論じられている。

　1997年には土木学会に「景観・デザイン委員会」が設置され、大学の研究者、国や公団などの発注者、ゼネコンや建設コンサルタントで設計に携わる実務者、さらに建築や造園分野の関係者が集まり、土木におけるデザインについて議論する場となった。年1回テーマを定めて「土木デザインワークショップ」というシンポジウムを開き、2001年には土木におけるデザインを表彰する仕組みとして「土木学会デザイン賞」を創設し、毎年募集と表彰を行うようになった。

　21回目となる2021年までにデザイン賞で表彰されたプロジェクトは198件にのぼる。その対象は橋梁・街路・河川・海岸・港湾・駅・公園・建築・ランドスケープ・景観まちづくりなど、多岐にわたる。

　賞の創設10周年となる2010年には、「風景をつくる土木デザイン」フォトコンテストを実施し、その時点までのデザイン賞受賞作品103件を被写体とした写真作品を一般の方から広く募集した。土木デザインの成果を、その使い手である市民がどの

ように見ているのか、写真を通じて表現してもらおうという趣旨である。コンテストには数多くの素晴らしい写真の応募があり、158 作品を入賞として公開した。ただし、このフォトコンテストは土木デザインを大きく前に進める契機にはならなかった。実施時期に東日本大震災が発生し、インフラへの信頼が問われるなかで、土木デザインを語りにくかったという当時の事情もある。だが、土木デザインの価値を高めようとするつくり手の発信が、受け手の評価に頼ろうとしたこと自体に問題があったように思う。企画者である私自身の反省である。

現場における知の共有：トークセッションズ「土木発・デザイン実践の現場から」

　20 周年を目前に控えた 2019 年の秋、景観・デザイン委員会に「土木デザイン論ワーキンググループ」が設置された。デザイン賞の選考を行うデザイン賞選考小委員会委員長の佐々木葉（早稲田大学、2016-18 委員長）・中井祐（東京大学、2019-21 委員長）両氏の発案によるものであった。「デザイン賞 20 年の蓄積を踏まえつつ、次の 20 年の成熟に向けて土木デザインとはなにか、その価値を社会に開いていくために必要なことはなにか、現時点での知を結集して議論し世に問う」という趣旨の呼びかけに、デザイン賞選考委員や運営幹事の経験者が集まり、何度も議論を重ね、「トークセッションズ『土木発・デザイン実践の現場から』」を開催することになった。

　土木デザインを進める現場で鍵となる視点を毎回テーマに定め、テーマに沿った受賞作品を選定し、作品に関わった実務者や学識経験者を招いて、その理念や特徴、事業プロセスなどを議論する。1 年目（シーズン 1）は 2020 年 10 月〜2021 年 2 月の期間で全 8 回のトークセッションを実施し、その後のシーズン 2 は全 7 回（2021年 11 月〜2022 年 3 月）、シーズン 3 は 2022 年 11 月から開催され、現在進行形の継続的なイベントとなっている。このうち本書が対象とするのは、始まりとなった

土木学会景観・デザイン委員会　土木デザイン論ワーキンググループの構成
（シーズン 1 実施時）

	氏名	所属・当時
主査	佐々木葉	早稲田大学
	岡田智秀	日本大学
	末祐介	中央復建コンサルタンツ
	髙森真紀子	八千代エンジニヤリング
	二井昭佳	国士舘大学
	丹羽信弘	中央復建コンサルタンツ
	福井恒明	法政大学
	福島秀哉	東京大学
	星野裕司	熊本大学
	山田裕貴	Tetor

土木学会デザイン賞 20 周年記念 トークセッションズ『土木発・デザイン実践の現場から』（シーズン 1）の構成

回（日程）	テーマ	取り上げた作品	コーディネイター
1（2020.10.23）	都市のメガインフラのデザイン戦略―横浜の首都高に学ぶ	高速神奈川 7 号横浜北線（2018 年最優秀賞）	佐々木葉
2（2020.11.6）	「デザイン賞歩道橋」はどのように創られたのか	桜小橋（2019 年優秀賞） 鶴牧西公園歩道橋（2014 年優秀賞） はまみらいウォーク（2011 年優秀賞） 川崎ミューザデッキ（2010 年優秀賞）	丹羽信弘
3（2020.11.11）	まちづくりの戦略としての公共空間デザイン	女川駅前シンボル空間 / 女川町震災復興事業（2019 年最優秀賞）	末祐介
4（2020.12.8）	川から見るまち・まちから見る川	和泉川 / 東山の水辺・関ヶ原の水辺（2005 年最優秀賞） 伊賀川 川の働きを活かした川づくり（2018 年優秀賞） 糸貫川清流平和公園の水辺（2016 年優秀賞）	山田裕貴
5（2020.12.16）	かわまち空間による都市再生に向けて	太田川基町護岸（2003 年特別賞） 津和野川河川景観整備（2002 年優秀賞）	二井昭佳
6（2020.12.23）	小さな土木をデザインする	グランモール公園再整備（2018 年奨励賞） トコトコダンダン（2018 年、2019 年奨励賞） ふらっとスクエア（2019 年奨励賞）	星野裕司
7（2021.1.7）	激特事業・災害復旧事業にみる防災と景観まちづくりを両立する実践手法とは	川内川激甚災害対策特別緊急事業（2013 年優秀賞） 津和野川・名賀川河川災害復旧助成事業名賀川工区（2019 年最優秀賞） 山国川床上浸水対策特別緊急事業（2020 年優秀賞）	福島秀哉
8（2021.2.15）	土木デザインのすすめ国土と風土の未来のためにいま必要なこと	（まとめ）	佐々木葉

　シーズン 1 における 8 回分の議論である。どの回の登壇者も、プロジェクトに携わった当事者として、生きた言葉を発してくれた。デザインと技術を一体的に検討し、住民との議論を重ねて計画・設計を進め、地域に思いが共有されていく、そのプロセスを目の当たりにした。

　シーズン 1 が行われていた 2021 年は、新型コロナウイルス感染症の拡大により、多人数が会場に集まるイベントは企画すらされず、会議やイベントのオンライン化が一気に進んだ時期である。オンラインイベントは、それまでのリアルイベントにあっ

た、同じ空間を共有している一体感は得られにくくなったが、一方で開催地から遠い場所にお住まいの方や、仕事や家庭の事情で会場に来られない方が参加できるようになった。

　このことはトークセッションズにとって追い風となった。トークセッションズ（シーズン1）は、それまで土木学会景観・デザイン委員会が実施してきた行事のなかで、もっとも多くの参加者を集めた（8回で1971名）。そして何より嬉しかったのは、これまで土木デザインに関するイベントなどに参加した経験がないと思われる技術者や実務者の方が参加者の多数を占めたことである。「デザインに興味はあるが、会場に行くのはハードルが高い」という方たちとの新たな接点が生まれた。

　参加者からは様々な感想をいただいた。特に、日常的な業務でデザインを意識する機会が少ない土木技術者の皆さんから、デザインの意義や成果についての共感が多く寄せられた。「普段の業務ではあまり関わらないデザインだが、地域住民とのコミュニケーションツールとしての有用性を感じた」「市民目線で考える要求性能、デザイナーとエンジニアの協働効果など、共感する話が多くあった」「地域住民と関係者をつなぐコーディネーターの重要性を再認識できた。多くの自治体職員にもぜひ知ってほしい」「スピードが求められる災害復旧でも、工夫次第で良い空間をつくれることがわかり勇気づけられた」と予想以上の反応に喜んだ。もちろんその一方で、まだまだ課題がある、との意見もあった。いずれにせよ、こんなにも多様な反応をいただけるとは思ってもみなかった。事実を正確に伝えるための情報ではなく、当事者の思いと共に語られた実践知であったからこそ、大きな共感や意見を引き出せたのだろう。大げさな言い方かもしれないが、景観・デザイン委員会設立25年、デザイン賞創設20年を経て、ようやく伝えたいことを伝えるべきひとに届けることができたと感じている。

刺激を受けたのは企画者自身

　トークセッションズで最も刺激を受けたのは、ほかでもない企画者自身であった。トークセッションズ・シーズン1の第8回はそれまでの7回の内容を筆者らがどのように捉えたかを議論し、土木デザインの方向性を議論した。これにはワーキンググループメンバーである髙森真紀子さんが作成してくださった各回の概要メモが重要な基礎資料となった。これをもとにキーワードを整理し、規模や条件が異なるプロジェクトを取り上げて議論する枠組みを整えた。「ひと・まち・じかん」「造形・空間・自然」といった土木デザインには不可欠の複眼的なアプローチや、「仕組み・対話・信頼・戦略・ビジョン」などプロジェクトの進め方に関するキーワードがあがった。複

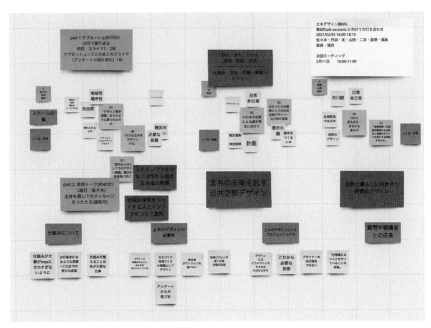

トークセッションズを踏まえたまとめ議論の整理

数のプロジェクトから全体像を導き出し「土木デザインとは何か」を構造化すること
は、筆者らが普段プロジェクトの現場で意識していることを言語化して整理する貴重
な機会となった。また何よりも、トークセッションズの開催を通じて、普段の業務で
土木デザインを意識することの少ない技術者の皆さんが、土木デザインに興味をもち、
その必要性を感じてくれているという手応えを得た。そこでこの成果自体を共有し、
あとから参照できるようにしておきたいというのが本書刊行の動機のひとつである。

土木デザインをどう考えたらよいのか

　土木デザインをどう考えたらよいのか、という本書の問いには、二つの意味があ
る。まず、土木デザインとはどのようなものか。そして、土木デザインをどう進めた
らよいのか。本書では二つの問いを分けずに一体として論じる構成をとっている。そ
の理由は本書を読み通していただければ自ずと明らかになるだろう。
　トークセッションズで、当事者である技術者やデザイナーが発した言葉のなかに
は、土木デザインを進めるうえでの数多くの貴重なヒントがちりばめられていた。そ

れぞれのプロジェクトの実践から生まれた知見を将来の土木デザインで活かすにはどうしたらよいか。それには、その知見を未来に役立つ形へと翻訳する必要があると考えた。その翻訳は各回のコーディネーターが担った。コーディネーターは当日の映像や記録メモを何度も確認し、内容を解体して再構成している。トークセッションズを聴講していた他の企画者との意見交換を行い、構成を検討する作業にかなり多くの時間を割いてきた。試行錯誤の末、全体で 23 の問いを立て、トークセッションズ登壇者の発言を引きながら答えを導き出す、というスタイルを選んだ。したがって、本書はトークセッションズそのものの記録ではない。

　構成は以下のとおりである。第 1 部は「土木の造形─地域の物語をつむぐトータルデザイン」として大規模な高架橋から身近な公園までを対象に、土木の造形と地域の人々とのつながりを取り扱った。第 2 部は「都市の戦略─まちの未来を託すシンボル空間のデザイン」としてまちの骨格となる街路や河川のデザインにどのような観点で取り組むかを扱った。第 3 部は「自然との共存─川と暮らしをつなぐ時間のデザイン」として、災害復旧を含むかわづくりにおいて、長い時間をかけて自然とつき合いながら地域の価値を高めていく方法を扱った。

　最後に第 4 部「土木デザインのすすめ」として、本書の全体を俯瞰し、土木デザイン、あるいは土木の仕事そのものをどのように考えるかを論じた。

　土木デザインをどう考えたらよいのか。これに対する簡単な答えはない。土木デザインの最前線に様々な立場で携わる土木デザイン論ワーキンググループのメンバーが、議論を繰り返して見えてきた風景を、読者の皆さんと共有できれば幸いである。

2022 年 11 月

福井恒明

・トークセッションズ登壇者の当時所属とは、担当物件の竣工時点のものである。
・本書は土木学会景観・デザイン委員会デザイン論ワーキンググループでの成果をまとめたものである。
・本書収録事例をはじめとする土木学会デザイン賞歴代受賞作品の詳細は、土木学会デザイン賞ウェブサイトを参照されたい。http://design-prize.sakura.ne.jp/

はじめに　　　　　　　　　　　　　　　　　　　　　　　　　　　2

第1部　土木の造形 ——地域の物語をつむぐトータルデザイン

Chapter 1　都市のメガインフラのデザイン戦略　／佐々木葉　　14

CASE01　高速神奈川7号横浜北線 ——メガインフラからひとへの橋渡し　　16

Q.01　高速道路は地域の景観にどれだけ貢献できる？　　18
　　　・首都高デザインにおけるチャレンジの伝統
　　　・構造物デザインの定石—「小さく」「おさめる」「見えの形」
　　　・だれの目線からか、を考える

Q.02　どうすれば巨大インフラは地域に受け入れられる？　　23
　　　・まずは組織内にアクションプログラムを
　　　・身近な媒体や仮設物は絶好のインターフェース
　　　・迷惑施設を一緒につくる
　　　・調和を実現するためのデザイン

Q.03　長期プロジェクトにはどんなマネジメントが有効？　　30
　　　・強いコンセプトとトータルデザイン
　　　・プロセスをマネジメントすることでデザインはマネジメントされる
　　　・模型による見える化
　　　・デザインがコストを下げる
　　　・プロジェクトを真に成功させるためのデザイン戦略

Chapter 2　市民目線の歩道橋デザイン　／丹羽信弘　　36

CASE02　桜小橋 ——新しいスタンダードとしてのデザイン　　38

CASE03　鶴牧西公園歩道橋 ——日常的な風景としての逸品　　40

CASE04　はまみらいウォーク ——都市に挿入されたチューブ　　42

CASE05　川崎ミューザデッキ ——再開発を牽引するディテール　　44

Q.04　地域のポテンシャルを引き出す受発注とは？　　46
　　　・時代ごとに変わる受注形態
　　　・競争入札からプロポーザルへ。そして設計競技（コンペ）へ

Q.05　プランナーやエンジニアはデザインとどう向き合っている？　　48
　　　・議論はフラットな関係で
　　　・厳しい制約条件から解き明かす
　　　・事業者・設計者・施工者が一体となって現地でトライ

Q.06　こだわるべきディテールは？　　52
　　　・心地よく、軽やかに：構造やディテールは自由
　　　・もっともひとに近い高欄
　　　・橋面空間を決定づけるシェルター
　　　・橋梁景観を左右する排水設備
　　　・見た目を整えることは大事

Q.07　"渡りたくなる"歩道橋をつくるには？　　65
　　　・生活者目線で考える
　　　・「デザイン」に向き合う

Chapter 3　身近で小さな土木のデザイン　／星野裕司　66

CASE06　グランモール公園再整備──世界とつながるディテール　68

CASE07　ふらっとスクエア──コミュニティを育む隣人公園　70

CASE08　トコトコダンダン──積層する時間のデザイン　72

Q.08　小さな土木だからできることって？　74
・当たり前の日常になる
・場のメンテナンスで自分ごとにする
・平凡でさりげない「日常」のデザイン

Q.09　どうしたらひとに寄りそう土木構造物がつくれる？　81
・身体性は時間にも宿る
・行為に含まれる多様性を発掘する
・挑戦を通して他者に寄り添う

Q.10　土木によって表現できる"まちの履歴"とは？　88
・見えないネットワークを可視化する
・時間の蓄積やリズムを体験に変える
・土地の暮らしを物語として記録する
・小さな手がかりから豊かな物語へ

第2部　都市の戦略──まちの未来を託すシンボル空間のデザイン

Chapter 4　生存戦略としての公共空間デザイン　／末祐介　96

CASE09　女川駅前シンボル空間──復興と生活を調和させた公民連携デザイン　98

Q.11　選ばれるまちになるための公共整備とは？　100
・デザインを通じてまちの魅力を高める
・このまちで生きていく覚悟をもつ地域住民とつくる
・「自分がここをつくった」と皆が思えるプロセス
・市民・行政・事業者・専門家が一つのチームに
・最安ではなく、最大の効果を生むデザインを

Q.12　専門家チームに求められる三つの力とは？　107
・協働して可能性を模索する柔軟さ
・地域の想いや願いを形にする統合力
・前提条件を問い直すマススケールの調整力
・職能を超えたコラボレーションを諦めない

Q.13　ひととひとをつなぐ空間デザインって？　112
・デザインはコミュニケーションツール
・関係者一人ひとりがイメージを共有する
・自分ごとのプロセスがつくる生き生きとした場

Chapter 5　水辺空間デザインによる都市再生　／二井昭佳　116

CASE10　太田川基町護岸──水の都ひろしまの顔となるデザイン　118

CASE11　津和野川河川景観整備──回遊性を高める連句的デザイン　120

Q.14 まちづくりとして川づくりを考えるには？ 122
・都市の原形を知る：水との関係こそ、まちの原点
・"縁"が都市の魅力を高める
・まちの空間を川に引き込む
・将来の滞留空間を埋め込む
・都市軸を受け止め、場をつくる
・堤内地と堤外地の境をぼかす
・川を取り込み、まちの骨格を編む

Q.15 水辺にまちの舞台をつくるには？ 133
・水辺は日本における都市の広場
・先人たちの都市の使いこなしに学ぶ
・自然とひと、ひととひとを結ぶ"縁側"のデザイン
・未来への布石をデザインで打つ

Q.16 市民が川を使いこなすための仕掛けとは？ 137
・所有感が場所への愛着を育む
・水辺のコモンズに向けた仕掛けづくり

Q.17 空間の発想力はどうやって磨きをかける？ 141
・"ひと"を深く洞察してデザインを発想する
・優れた実践活動が未来を担う次世代を育てる
・境界を越えるデザインを目指す

第3部　自然との共存——川と暮らしをつなぐ時間のデザイン

Chapter 6 ひととの関係を回復する河川デザイン ／山田裕貴 146
CASE12 和泉川／東山の水辺・関ヶ原の水辺
——川とまちをつなぐアースデザイン 148
CASE13 伊賀川——川の働きでつくる生き生きとしたまちの余白 150
CASE14 糸貫川清流平和公園の水辺
——川のポテンシャルを引き出すエンジニアリング 152

Q.18 定規断面で川は豊かになるのか？ 154
・安全は当たり前、日常の豊かさを考える
・定規断面は一つの目安、多様な形の可能性を探る
・身体感覚で捉え、コンターラインで図面を描く

Q.19 治水だけじゃない、地域価値を高める川づくりとは？ 162
・まちと川の境目をつくらない
・護岸を外して公園から川へと誘い出す
・現代技術に埋もれていない子どもたちは川で遊ぶ
・河川整備とまちづくりと環境保全を同じチームで考える

Chapter 7 災害復旧とまちづくりを両立する実践手法 ／福島秀哉 170
CASE15 川内川激甚災害対策特別緊急事業
——激特事業における大胆かつ丁寧なプランニング 172

__CASE16__ 津和野川・名賀川河川災害復旧助成事業名賀川工区
　　──災害対策と地域景観創出の両立　　176

__CASE17__ 山国川床上浸水対策特別緊急事業
　　──ルールづくりによる 10km のトータルデザイン　　178

Q.20 災害復旧・復興事業でまちづくりは可能か？　　180
　　・復旧・復興のスピードに合わせる
　　・最初の意思決定を支えるネットワーク
　　・ピンチをチャンスに変える体制づくり

Q.21 多自然川づくりアドバイザー制度を活かすには？　　186
　　・ガイドラインとアドバイザー制度を理解する
　　・災害の現場で、良い川をつくる勇気をもつ
　　・アドバイザーを現場で育てる

Q.22 地域の将来を見据えてデザインするには？　　192
　　・河川の時間を知る
　　・構造令や基準の背景を理解する
　　・事業を超えて地域と関わりながら計画する

Q.23 災害復旧・復興事業の未来のかたちとは？　　196
　　・地域のまちづくりと流域スケールをつなぐ
　　・次世代の災害復旧・復興のあり方を考える
　　〈コラム〉多自然川づくりアドバイザー制度の経緯

第4部　土木デザインのすすめ

1　**触れられる土木で地域を再発見する**　　202
　　目に触れる、ということ／デザインという対話の契機／
　　地域の物語を再発見する／自由度を高める仕組み

2　**まちの顔となる、生き生きとした舞台をつくる**　　206
　　デザインでまちを救う／まちの履歴を読み解き、肝となる場所を探す／
　　場所・ひと・ことを土木デザインでつなぎ、まちの顔をつくる／
　　羅針盤となる、まちの将来像を描く

3　**自然と暮らしの関係を結びなおす**　　210
　　二項対立を乗り越える思考／川とまちをつなぐ技術と制度／
　　新しい風景を生むビジョンとプラットフォーム

4　**土木デザインの一歩を踏み出すために**　　214
　　景観への配慮から土木デザインへ／小さな納得と共感から始める／
　　土木デザインは土木の仕事そのもの

おわりに　　217
土木学会デザイン賞受賞作品一覧　　219

第 1 部

土木の造形

——

地域の物語をつむぐ
トータルデザイン

　土木のデザインでは、制度の設計から、発注の形式、組織の運営、住民との合意形成など、検討しなくてはいけない範疇がとても広い。しかし、プロセスやマネジメントがたとえ正しくとも、最終的に利用者と共有できるのは、形づくられたものだけである。つまり、デザインは、結果がすべてである。

　第1部では、都市のメガインフラから、ひとに近い歩道橋や広場まで、構造物のスケールは様々ながら、造形に込められた強い思いの共通する事例を取り上げる。10の問いに整理された内容は、対象物に応じて多岐にわたるが、これらの対話を通じて導き出されるのは、個別のものを超えて地域の物語を紡ぎ出す、造形の力である。

Chapter
1

都市のメガインフラの
デザイン戦略

佐々木葉
早稲田大学創造理工学部社会環境工学科 教授

　日本橋の上の首都高、といえば、都市の景観問題の代表選手。都市の上空を縫うように走る連続高架橋は、時と立場によって受け止め方は異なるとはいえ、やはり多くのひとにとっては"必要性はわかるけれど姿形はなんとかしてほしい"存在である。例えば未来都市のイラストのように浮遊感のある軽い構造にしたい、地下に埋めて見えなくしたい、というように。

　ひとの身体や長い歴史の中で形成されてきた都市のサイズに比べて、どうしても巨大になる都市内の土木構造物は、良くも悪くもそのまちの景観に大きなインパクトをもたらす。"地図に残る大きな仕事"は土木のやりがいかもしれないが、どこにでもあてはまるわけではない。都市内においてはすでに高密度に存在するひとの営みとそのための施設や空間の隙間に、文字どおり針の穴に糸を通すように挿入する。そこには高度なエンジニアリングはもちろん、過酷な条件をクリアするためのイノベーションが求められる。さらに、その結果出現したインフラの姿が人々の日常生活の中でどのように眺められるのか、どのような存在として受け入れてもらえるのかを、真摯に問い続けなくてはならない。その問いに向き合う時、デザイン戦略が必須となる。

　トークセッションズの第1回では、土木学会デザイン賞2018年最優秀賞を受賞した首都

「土木発・デザイン実践の現場から」

第1回

都市のメガインフラのデザイン戦略 ― 横浜の首都高に学ぶ

開催年月：2020年10月23日

白鳥明氏
（現：首都高速道路㈱技術部
構造技術室）
（当時：首都高速道路㈱
神奈川建設局設計課）

藤井健司氏
（現：首都高速道路㈱技術部
施設技術課）
（当時：首都高速道路㈱
神奈川建設局設計課）

太田啓介氏
（㈱オリエンタルコンサルタンツ
関東支社都市政策・
デザイン部）

　高速道路の〈高速神奈川7号横浜北線（以下、横浜北線）〉における実践を通し、メガインフラのデザイン戦略について考えていった。計画決定から開通まで17年と長期にわたるプロジェクトの期間中10年以上も、一貫したトータルデザインコンセプトのもとで多種多様な造形物に対してデザインマネジメントが行われた。これは敬服すべきことである。

　そこで事業主体から白鳥明氏と藤井健司氏（共に首都高速道路㈱）、継続して関わったコンサルタントから太田啓介氏（㈱オリエンタルコンサルタンツ）をお招きして、ビッグプロジェクトの事業主体となる大組織にこそ求められるデザイン戦略とはなにか、その狙い、仕組み、成果、そして実践を支えたポリシーについて学んでいった。トークセッションズのなかで披露いただけたのはそのごく一部で、さらに細かく、膨大な取り組みがあったことを想像しながら皆さんと対話した。

　そこから、現代社会における土木デザインの意義や、事業規模にかかわらず重要な「総合性と一貫性」という視座を得ることができた。さらに、都市の生命維持装置であるインフラとどのように向き合っていくのか、というより深い問いも生まれた。この章では、正統派の土木の仕事である大規模事業におけるデザインを考えていこう。

CASE 01

高速神奈川7号横浜北線

メガインフラからひとへの橋渡し

（提供：首都高速道路㈱）

2018年度 最優秀賞

DATA
- 所在地　　：神奈川県横浜市都筑区―鶴見区
- 設計期間：都市計画事業承認：2001年12月〜2017年3月
- 施工期間：2001年12月〜2017年3月
- 事業費　　：約3376億円
- 事業概要：自動車専用道路（延長8.2km）、工事仮設物・トンネル（内部・坑口・非常口サイン）・橋梁（ジャンクション・高架橋）・建築（換気所・営業所・交通管理所）

　〈横浜北線〉は、横浜市北東部の低地、台地、埋め立て地、都市に残された小さな緑地や農地がある地域を通過していく都市内高速道路である。高架橋、トンネル、換気所など、その構造物は多岐にわたる。多くのひとの目に触れるメガインフラは、その姿が地域の将来イメージを左右する。そのため、設計の比較的早い段階から外部有識者による景観アドバイザー会議を設置するなど、従来の景観設計手法をさらに一歩進めて取り組んだ。路線全体のトータルデザインコンセプトを［URBAN ∝ NATURE／次世代都市空間と自然の調和］として、10年におよぶ景観アドバイザー会議メンバー、デザイン提案とプロセスマネジメントを担うコンサルタントが継続して話し合いの場をもつ安定した体制のもと、多岐にわたる構造物を密度高くデザインした。

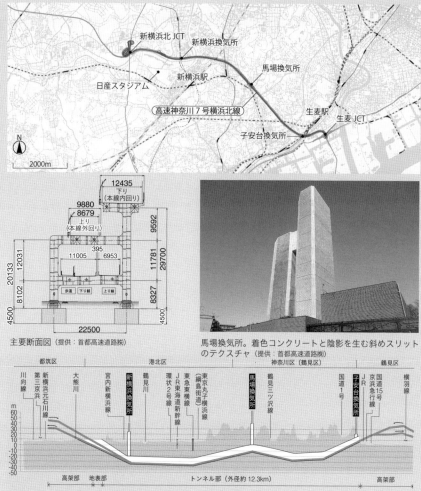

主要断面図（提供：首都高速道路㈱）

馬場換気所。着色コンクリートと陰影を生む斜めスリットのテクスチャ（提供：首都高速道路㈱）

横浜北線縦断面図（提供：首都高速道路㈱）

特徴 ・高密度な既存都市空間に挿入されるメガストラクチャーの建設プロジェクトにおいて、デザインを対話のインターフェースとして位置づけた

・一貫したコンセプトのもとで多種多様な要素を長期にわたり建設していくため、デザインプロセスのマネジメントが継続的に行われた

・質の高いエンジニアリングデザインによって、コスト低減と景観効果を同時に達成するチャレンジが実践された

・良いものづくりへのマインドが組織において尊重され、プロジェクト全体の戦略的判断がなされた

Q01 高速道路は地域の景観に
どれだけ貢献できる？

A-1 首都高デザインにおけるチャレンジの伝統

　首都高速道路公団および民営化後の会社には、「よいものをつくる」という精神が通底している。

　1964年の東京オリンピックに合わせて、羽田空港と競技会場をつなぐ日本で初めての都市高速道路としてスタートした首都高速道路は、開通当初の32.8kmから現在その10倍の延長によって東京、神奈川、千葉、埼玉をまたぐ首都圏の道路ネットワークを形成し、毎日およそ100万台の利用がある。都心の自動車交通を円滑にするため交差点と歩行者からフリーになったノンクロスロードの構想は戦前に遡り、建築との一体化など新たな都市インフラとしての形が描かれた。

　いざ実現となって1959年に都市計画決定、オリンピックに間に合わせるよう急ピッチでつくられた都心環状線をはじめとする最初期の整備には、だれも見たことの

図1　首都高黎明期のデザイン〈赤坂見附高架橋〉(1963) は曲線桁や円柱橋脚によって貴重な水辺景観に最大限配慮している（提供：首都高速道路㈱）

図2 〈かつしかハープ橋〉（1987）。エンジニアリングのチャレンジと造形の洗練によるデザイン
（提供：首都高速道路㈱）

ない巨大インフラを実現させるべく、並々ならぬ工夫と挑戦があった。例えば〈赤坂見附高架橋〉の曲線箱桁とスレンダーな橋脚（図1）は当時最新の材料と新技術によるものであり、千鳥ヶ淵付近では地下化するために当時世界で唯一の地下インターチェンジも採用した。需要の大きかった都心の駐車場と道路を一体構造物として設計し、与えられた空間に道路をおさめるためのアクロバチックな立体構造が随所に工夫された。こうしたエンジニアリングによる問題解決としてのデザインマインドは、その後〈かつしかハープ橋〉（図2）や〈五色桜大橋〉のように、眺める対象としても洗練された作品を産んでいく。

　首都高組織内において「景観」は、「よいもの」の満たすべき要件として早くから位置づけられており、1970年代にはすでに、景観を考慮した設計を議論するための外部専門家による委員会が設置され、時代に合わせて名称やメインターゲットを変えながら検討が続いている。都市内高速道路という地域にとって必要不可欠なインフラをつくるプロ集団のマインドが、緩急はありながらも大きな組織のなかで引き継がれてきたことは、デザイン戦略の初めの一歩として確認しておきたい。こうした組織のインハウス技術者として、白鳥明氏は〈浮島ジャンクション〉、藤井健司氏は〈大橋ジャンクション〉と、それぞれにチャレンジングな仕事の経験を踏まえて、〈横浜北線〉に挑んでいる。

A-2 〈 構造物デザインの定石―「小さく」「おさめる」「見えの形」

　延長約8.2 kmの〈横浜北線〉は、その7割におよぶ5.9 kmがトンネル構造である。まさに"見えない"ように計画された。橋梁形式の既存高速道路につなぐため、両端には高架橋と複雑なジャンクションが現れ、地下トンネルには換気塔も必要だ。こうした地上に現れてくる構造物のデザインでは、「できるだけ小さくする」、多種多様な諸施設を「まとまりや連続性が感じられるようにおさめる」、特定の視点から眺められた時の「見えの形を整える」といった定石を丁寧に実践している。例えば、鶴見川に並行した区間では、規模の大きい公園や河川という大都市横浜の貴重な自然環境と開放的な景観に調和するデザインを目指した。その結果、〈大熊川トラス橋〉はその技術的完成度から2015年土木学会田中賞を、眺めの魅力が評価され2017年に横浜・人・まち・デザイン賞をそれぞれ受賞している。

　あるいは白鳥氏が担当した2層式の〈生麦地区高架橋〉は、フレーム型橋脚の横梁の上に桁が載る当初の設計を見直して、桁を横梁に埋め込んだ（図3）。これによって桁下の空間が広くなり、首都高自体の走行環境が向上するとともに、近隣の工場が敷地内の緑地面積を確保するために管理している桁下の公園的空間も価値を上げている。両サイドに飛び出すフレーム型橋脚は、肩の部分に丸みを与えて視覚的な印象を和らげた（図4）。「構造形式が決定する前の段階で、定石に則ったデザイン検討を行うことが重要。そうした判断を下せるエンジニアが組織内にいたからできた」と白鳥氏は言う。景観を含めた「よいもの」を指向する首都高の伝統的マインドの現れである。

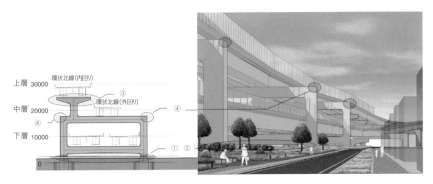

①②③　桁を橋脚横梁と剛結構造とすることで、桁下空間を確保した
④　　　橋脚の角に丸みをつけることで、印象をやわらげた

図3　生麦地区の2層式高架部の当初案と改善が求められた点（提供：首都高速道路㈱）

図4　桁下空間が増大し緑地としての価値が高まった生麦地区高架橋。門型橋脚も角の丸みによってすっきりした
（提供：首都高速道路㈱）

A-3 〈 だれの目線からか、を考える

　地上の道路部分のデザインに加えて、〈横浜北線〉では三つの換気塔が注目の的となっている。7割もの区間がトンネル構造とされたのは、ルートには緑地が点在し、密度高い住宅地が広がっていたためである。そうした環境のなかに突然現れる換気塔は、地域住民にとっては異物以外の何ものでもない。換気塔には全国各地、もちろん海外でも多種多様なデザイン上の工夫が見られる。その多くは、大雑把に言ってしまえば、とても太い煙突と足元の機械室建屋に対して、材料や色・形を操作することで見え方を変えよう、というものだ。しかし〈横浜北線〉ではさらに踏み込んだチャレンジが行われている。

　その手順を追ってみよう。まず、換気塔を使うわけでもない地上のひとたちにとっての最適解を考える。すると、どのような形であれ、できるだけ小さく目立たないのが望ましいという結論に行き着く。ならば、表層のデザインに行く前に、土木構造、

機械設備、建築とそれぞれの目線から役割分担して設計されてきたものを、換気機能を発揮する施設全体としてもっとコンパクトにできないかと見直す。そして効率的な本体施設そのものに対するVE（バリュー・エンジニアリング）が検討されたのである。

　カラスの森とよばれる小高い丘に位置する〈馬場換気所〉では、当初計画では電気系設備のための建物と換気のための建物が二つに分かれていたが、VEによって2棟を1棟にすることで掘削も減り、大幅なコストダウンと景観保全を実現した（図5,6）。地域住民の目線から望ましい形は、道路をつくる側の目線からも望ましい形となり得る。そのためのエンジニアリング的チャレンジは、「デザイン」や「景観・環境への配慮」を表層的なプラスアルファの仕事として別扱いしない「土木デザイン」につながる。

図5　〈馬場換気所〉の周辺環境。当初は森の中の道路を挟んで両側に施設が立地する計画であった
（提供：首都高速道路㈱）

	基本案	VE案
規模	108,700 m³（基準）	75,900 m³（▲30%）
階層	地下6層 地上1層	地下5層 地上1層

図6　VEによって施設規模の縮小を実現し、コストと景観的インパクトを大幅に下げた
（提供：首都高速道路㈱）

Q02 どうすれば巨大インフラは 地域に受け入れられる?

A-1〈 まずは組織内にアクションプログラムを

　さて、Q.01 で見てきたことは、正統派のエンジニアリングデザインであり、土木デザインの基本である。多くのエンジニアにとっても、やるべきこととして理解できることだ。とはいえ実践されることは必ずしも多くないので、〈横浜北線〉はこの点だけでも優れた事例といえる。しかしさらにもう一歩踏み込み、包括的なデザイン戦略を立てている。地域住民をはじめとするステークホルダーに〈横浜北線〉というプロジェクトのメッセージを発信し、地域と対話する関係を築いていったのである。長期にわたるデザイン実践を牽引したこの戦略にこそ、注目したい。

　戦略が必要とされる背景には、社会の理解が得られなければ事業は進まない、という民主主義的な実情がある。特に多様なステークホルダーがいる都市において、地域の反対運動や非協力は、ときに技術的課題以上に事業に影響を与える。2006 年から施設構造物設計チーム兼チーム北線景観リーダーとなった藤井氏は、かつて担当した〈中央環状新宿線〉や〈大橋 JCT〉で、事業を理解してもらうことや住民の意見を丁寧にきくことが、地域とのパートナーシップにつながり、事業の効率的な進捗や質の向上につながることを実感していた。この経験を踏まえて、〈横浜北線〉での行動指針となるアクションプログラムをつくっていく。

　プログラムのステップは、①トータルデザインコンセプトを設定し、②景観設計の対象を位置づけ、③アドバイザー制度を活用し、④デザインを決定する、とした。手間と労力のかかるこのプログラムが社内で成立した背景には、外部有識者による提言組織として設置されていた「首都高辛口応援団」の存在も大きい。そこでは従前から景観との調和が提言されていた。加えて、大規模事業として必須の環境影響評価でも「周辺景観と調和すること」と明記されていた。さらに横浜市といえば、日本のアーバンデザインを牽引してきた自治体であり、都市デザイン室や都市美審議会など行政内にすでにデザインを吟味するための体制と実績がある。

　〈横浜北線〉では、これらを「外から言われたから対応しなければならない事項」としてではなく、「自らがやるべきことの根拠」としてポジティブに位置づけて、プログラムを展開している(図7)。事業主体である組織の戦略として、また心あるエンジニアが組織内の合意を得るための戦略として、興味深い。

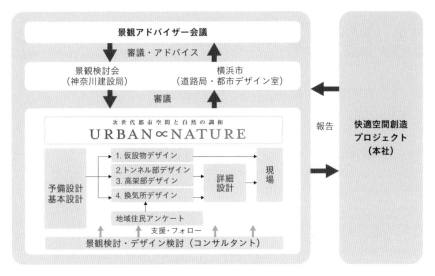

図7　アクションプログラムを実践する体制（提供：首都高速道路㈱）

A-2〈 身近な媒体や仮設物は絶好のインターフェース

　地域との対話の始まり、つまりプロジェクトのメッセージを発信する端的な取り組みとして興味深いのは、構造物本体よりずっと身近なもののデザインに力が注がれた点である。例えば、トータルコンセプトに基づいたグラフィックでデザインされた、広報用の資料を入れる手提げ袋である。Q. 03 で詳しく述べるが、「次世代都市空間と自然の調和　URBAN ∝ NATURE」というコンセプトに基づいたデザインは、可愛いキャラクターではなく、白地に柔らかい色調のストライプとグラデーションのかかったグリーン系の文字という、洗練されたグラフィックとロゴとした。ストライプの柄は各色 CMYK で指定するなど、きめ細やかにデザインガイドラインに定め、それを適用する場面ごとに方針を示して、人々の目に触れる身近な場所で展開した（図8）。

　その代表は工事現場の仮囲いである（図9）。そこになんらかのデザインを施す例は、今でこそかなり一般的になってきた。歩行者のすぐ横に立つ壁は、背後で進行している出来事との文字どおりのインターフェースになる。7割がトンネル構造である〈横浜北線〉の場合は、道路をつくっているのに路面が見えず、唐突に出現する工事現場の意味がそもそもわかりづらい。そのことも踏まえ、単にイメージを良くする仮囲いデザインではなく、複数箇所の現場の関連性、工事の内容を具体的に説明するイ

1. 基本ロゴタイプ（グラデーション）

次世代都市空間と自然の調和
URBAN ∝ NATURE

次世代都市空間と自然の調和部分

C 90 M 40 Y 100 K 0

URBAN∝NATURE のグラデーション部分

A色から B色へのグラデーション

A色 C70 M50 Y50 K0　B色 C70 M0 Y100 K0

2. 基本ロゴタイプ（モノクロ）

次世代都市空間と自然の調和
URBAN ∝ NATURE

3. 首都高速シンボルマークとの組み合せ

次世代都市空間と自然の調和
URBAN ∝ NATURE

横浜環状北線
首都高速道路

ストライプカラー（5色）

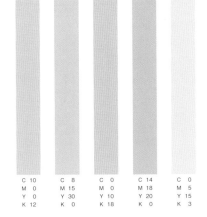

C 10	C 8	C 0	C 14	C 0
M 0	M 15	M 0	M 18	M 5
Y 0	Y 30	Y 10	Y 20	Y 15
K 12	K 0	K 18	K 0	K 3

図8　トータルデザインコンセプトのロゴとイメージカラーストライプ（提供：首都高速道路㈱）

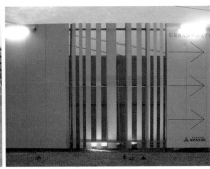

図9　「工事仮設物デザインガイドライン」に基づいた仮囲い。43ページにおよぶガイドラインには場所に応じてどのデザインを選択するかが示されている（提供：首都高速道路㈱）

ンフォメーションコーナーとしての機能を担わせた。眺めとしてストレスなく人々に届くように、意見箱のポストの色まで気を配った（図10）。

　一時的な土置き場などを養生するためのシートの色にも配慮した。いわゆるブルーシートが全国どこでも使われるが、あの彩度の高いブルーはデザインコンセプトにそぐわない。そのため暖色系の色調の製品を使うこととしたが、需要が少ないために小ロットでの販売がなく、施工者さんごとの入手は困難であった。そこで幹事役の施工者さんが一括して購入し、それを各社へ分配することで色の統一が実現した。実務をご存じの方は特に、この施工者間の連携エピソードの斬新さが実感できるだろう。コ

図10 周辺住民とのコミュニケーションや北線の PR の場として仮囲いを位置づけている（提供：首都高速道路㈱）

ンセプトという抽象的なものは、こうした工夫の徹底によって、初めて人々の目に見えるデザインになり、地域住民にメッセージを届けることができるのである。

A-3 〈 迷惑施設を一緒につくる

　では、本体構造のデザインにおける地域との関係性構築はどのように行われたのか。住宅、農地、緑地などのルート上の土地利用を鑑みて地下構造となったが、3箇所に出現する換気塔は、近所の人々にとっては迷惑施設でしかない。実際、〈横浜北線〉のデザイン戦略が検討されていた時点で、住民との対話会は厳しい状況であった。そのなかでデザインという側面を通して積極的に住民の要望や意見を聞いたりすればかえって反対の声が強まることを懸念する声が社内にあったという。しかし英断は下され、デザイン戦略はスタートした。

　ザ・迷惑施設と受け止められやすい換気塔のデザインを、景観アドバイザーおよびトータルデザインを実施するコンサルタントによって議論し、その案に対する地域住民へのアンケートを行ったのである（図11）。換気塔のデザイン方針、大切だと思うイメージ、自由意見を施設周辺 250 m 圏の住民に直接尋ねた。寄せられた約 300 件の声は、全般的には肯定的で、調和を重視するという人々の意向が確認されたのである（図12）。社内の慎重派からみれば、アンケートは下手をすれば炎上するきっかけを与えるリスクもあった。しかし蓋をあけてみれば、真剣に検討されたデザインは、事業の理解を促し、地域と対話する媒介となったのである。Q. 01 で述べた VE による基本設計を含め、地域に信頼されるに足る取り組みをしているという自負の表明

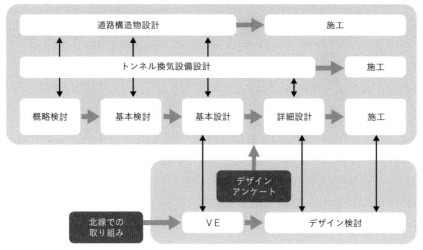

図 11　アクションプログラムに基づいた換気塔の検討プロセス。このなかに住民アンケートも位置づけられた
（提供：首都高速道路㈱）

馬場換気所デザインアンケート結果

問1　デザイン方針（案）「閑静な住宅地の緑に溶け込むデザイン」について

	選択肢	割合（回答数）	
回答	①良い	32.1%	(90)
	②まあまあ良い	31.8%	(89)
	③ふつう	21.1%	(59)
	④あまり良くない	8.9%	(25)
	⑤良くない	4.3%	(12)
	未回答	1.8%	(5)
	計	100%	(280)

問2　イメージについて大切だと思うもの

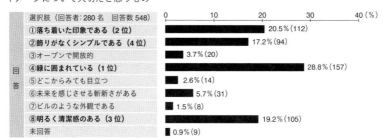

選択肢（回答者：280名　回答数 548）
- ①落ち着いた印象である（2位）　20.5%(112)
- ②飾りがなくシンプルである（4位）　17.2%(94)
- ③オープンで開放的　3.7%(20)
- ④緑に囲まれている（1位）　28.8%(157)
- ⑤どこからみても目立つ　2.6%(14)
- ⑥未来を感じさせる斬新さがある　5.7%(31)
- ⑦ビルのような外観である　1.5%(8)
- ⑧明るく清潔感のある（3位）　19.2%(105)
- 未回答　0.9%(9)

問3　自由意見「換気所のデザイン」について

主な意見　・周囲との調和がとれたデザイン　・緑に囲まれたデザイン
　　　　　・目立たないデザイン　　　　　　・明るく清潔感のあるデザイン
　　　　　・落ち着いたデザイン

図 12　新横浜換気所でのアンケート結果（首都高速道路㈱提供資料をもとに筆者作成）

は、〈横浜北線〉というプロジェクトの理解者として、地域住民を信頼しているというスタンスの表明でもある。

A-4 〈 調和を実現するためのデザイン

　デザインは最終的には結果がすべてでもある。できあがったものの姿形、見え方によって評価されなければならない。換気塔のデザインが調和を実現するために具体的にどのような取り組みが行われたのかを見てみよう。

　〈馬場換気所〉については、まずVEによって施設に大幅な改善が達成されていた。しかしそこからコンサルタントの太田氏は、もっと小さくできないのか、とスケールダウンし、プロポーションを整えるスタディを重ねた。地下の道路本体とつながる土木設計はすでに完了している。その条件下で、トンネル内を換気する給気ファンの設置方法を変更すれば、塔の断面積を半減できる、という解にたどりついた。アドバイザーからも「そこまでやるの？」という声があがったほどのチャレンジである。加えてアドバイザーは、塔のプロポーションは、地形を考えると非対称の方が良いと提案する。これを受けて、維持管理に必要なホイストクレーンがちゃんと動ける空間を確保しつつ、高さと形状に変化のある2本の塔の組み合わせを成し遂げた（図13）。

　こうした本体構造レベルでの改善を行ったうえで、基壇部のアースデザインによって従前のカラスの森のイメージの継承を目指した。そのための塔の外装材のテクスチュアやディテールと色を検討し、最終的にはモックアップの現地確認によって決定している（図14）。

　地域住民にウォッチされているという緊張感をもって、プロ集団がやれることはすべてやる。こうしたデザインの実践が、カラスの森に出現した大規模な構造物をなんとか調和させて、新しい風景をつくった。

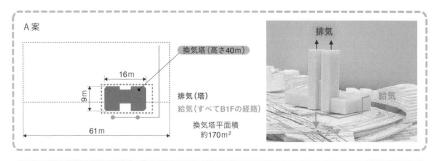

A案

換気塔（高さ40m）

16m

9m

61m

排気（塔）
給気（すべてB1Fの経路）

換気塔平面積
約170m²

排気
給気

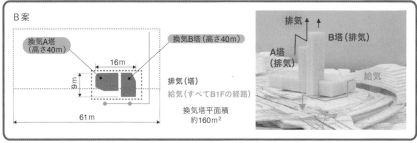

B案

換気A塔
（高さ40m）

換気B塔（高さ40m）

16m

9m

61m

排気（塔）
給気（すべてB1Fの経路）

換気塔平面積
約160m²

排気
B塔（排気）
A塔
（排気）
給気

図13 〈馬場換気所〉の塔のプロポーションの検討。設備配置の工夫によって実現された
（提供：首都高速道路㈱）

図14 〈馬場換気所〉の最終的な外装材のテクスチュアと色の検討（提供：首都高速道路㈱）

Q03 ◆ 長期プロジェクトには
どんなマネジメントが有効？

A-1 ⟨ 強いコンセプトとトータルデザイン

　大規模で長期にわたる事業のデザインを、一貫してマネジメントできたのは、強いコンセプトとそれを形にしていく体制があったためである。

　まず〈横浜北線〉のデザインマネジメントの出発点である、指針について確認しよう。Q.02で述べたアクションプログラムでまず掲げられたのが、トータルデザインコンセプトである。これはすなわちデザインの理念であり、思想として構造物ごとのデザインコンセプトに反映させるものである。7割がトンネルであるという道路構造、ルート上の土地利用、横浜の歴史と文化である進取の気質などを踏まえ、景観アドバイザー会議に諮った。そして最終的に「次世代都市空間と自然の調和」と言語化された。

　これを文字のままとせず、構造物である北線をurban、地域に残る自然をnatureとして、両者が価値を高め合うという意味を込めて数学記号の比例∝でつなぐロゴとした（図8）。この理念のもとに、仮設物からトンネル、高架部、換気所およびそれらの付属物やディテールまですべてをデザインの検討対象として位置づける。そして、それぞれにより具体的なコンセプトを定める。例えば、仮囲いや現場事務所、養生シートなどの工事仮設物を対象としたデザインコンセプトは「地域社会と共生したデザイン」というように、である。統一性・調和・オープン化・色彩をキーワードとして、地区ごとに具体的なデザインコンセプトとキーワードを定めるガイドラインを作成し、検討を重ねる手順が定められた。

　こうした強いデザインコンセプトを行き渡らせ、かつ10年間も継続できたのはなぜか。地域をよく知るアドバイザー会議、地元行政の横浜市、伴走するコンサルタント、そして事業主体である首都高内部といった、立場と視点が異なる複眼的な議論とアドバイスが連携した体制（図8）が構築されたためである。しっかりとしたコンセプトをつくるだけでなく、それを様々な対象に展開して形にする。この両者を実践した点に〈横浜北線〉のデザイン戦略を見ることができる。

A-2 〈 プロセスをマネジメントすることでデザインはマネジメントされる

　ではこのデザイン戦略の中身を提案し、実践していく仕事はだれによって行われたのか。その中心は、事業主体のパートナーとして 10 年にわたって継続して担当してきたコンサルタントの太田氏である。プログラムの初動期に太田氏が藤井氏と一緒に行ったのは、換気塔や料金所など、〈横浜北線〉の供用開始までにつくらなければならないすべての構造物をリストアップすること。それぞれに対して、デザイン方針の決定、具体のデザイン検討、住民とのやりとりを、いつだれがどこで担うかを一覧化することだった（図 15）。

　トータルデザインの理念を掲げるだけでは、事業の現場でのデザインに統合性は得られない。工事仮設物、換気所、トンネル坑口、高架橋、料金所、といった相互に関連するがそれらは分業体制でつくられていく。そうした対象一つひとつに対して、デザインコンセプトと具体のデザインを決定していく。あわせて、手遅れになる前に住民への説明などを行い賛同も得ておく。この進捗管理をマネジメントできるのは、工事の工程や作業内容を体感的に理解しているひとだけだろう。締め切りを設定したロードマップを機械的に管理すれば良いわけではない。形を決めるデザイナーがプロ

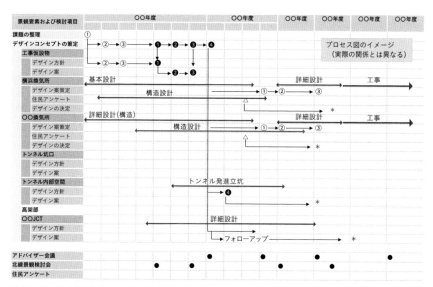

図 15　設計対象構造物をいつだれが決定するかを一覧化するための図のイメージ。実際のものはもっと項目が
　　　　多く複雑である。デザインプロセスのマネジメントはその全体像の俯瞰的可視化からはじまった
　　　　（太田啓介氏提供資料をもとに筆者作成）

図16　アドバイザー会議の様子。模型は常に強力なコミュニケーションの媒体である（提供：首都高速道路㈱）

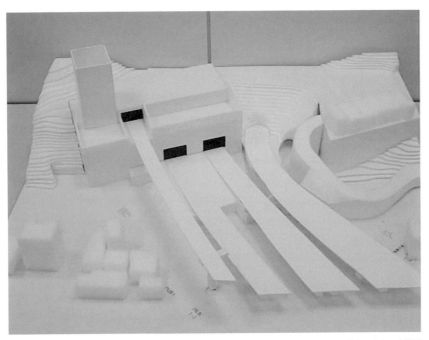

図17　複数の構造物が集まる箇所の模型。換気所、公園・土木、高架橋、街路、これらの隙間におちて未検討な部分が一目瞭然となる（提供：首都高速道路㈱）

セスを見通せずに、デザインの熟度にこだわるタイミングを間違うと、エネルギーを無駄遣いしてしまう。その点で両方が実践できる太田氏のような人材は貴重である。可視化された一覧表の、さらにその向こうが見えているからだ。

　公共事業や大規模事業で常態的に起きる困難に、担当者の変更がある。しかし〈横浜北線〉では、景観アドバイザーとパートナーの太田氏は約10年継続して担当してきた。コンサルタントは年度ごとに契約するという通常の発注形態だった。その都度プロポーザルによって太田氏が選ばれてきた。そのエネルギーだけでも並ではない。信頼できるプロの仕事を評価して、安定した関係で事業に臨めることは、発注者にとっても極めて大きな便益をもたらす。

A-3〈 模型による見える化

　複数の関係者との協議において、デザインの結果を直感的に把握できるビジュアルエイド、とくに模型は重要なツールとなる（図16）。その際、この段階で何を判断するか、それに応じて、どのような模型をつくるべきか。模型の種類と必要十分なスペックを判断することが肝要となる。

　換気塔のボリューム感、プロポーション、周辺とのおさまりはこれで良いかを判断するための模型。ディテールやひとが使うための装置を検討するための模型。素材感、陰影、色などを確認するための原寸模型やモックアップ。実に様々な模型が〈横浜北線〉ではつくられた。個別の設計検討だけでなく、複数の構造物の調整にも模型は重要だった。ある箇所に立地する換気所、高架橋の上り線と下り線、隣接する公園など、それぞれ分担して設計されているものを模型にしたら、その隙間や相互の接続部分など、どちらが担当するかわからず、抜け落ちているところが一目瞭然となった（図17）。模型として立体を立ち上げると、平面図や断面図での検討で見落としていたり、おさまりがよくわからないままになっていたりする部分に気付く。近年はBIM・CIMといった3Dモデリング技術の活用によりこうした検討は改善が期待されるものの、やはり模型の力は大きい。

A-4〈 デザインがコストを下げる

　換気塔におけるVEによる景観改善とコストダウンが同時に実現したように、良いデザインはコストを下げられる。しかしそのためにはプロセスのマネジメントが必要

図18 設備類の支持金物などが少なくすっきりした横浜北線のトンネル。右上の山手トンネルと比較するとその違いは明瞭（提供：首都高速道路㈱）

となる。トンネルの付属的な設備類のデザイン調整によって、コストダウンを図った例が紹介された。

　トンネル内には事故や火災への備えとして様々な設備があるが、その決定はタイミングもまちまちで後回しになるので、支持金物などは安全を考慮して数が増え、大きくなる。それを事前にデザイン調整することで、減らし、小さくできる。コストダウンと景観向上の両立であり、メガストラクチャーであるゆえに、総体としての効果も大きくなる（図18）。

　設計段階で手間暇をかけ、新たな方法を考案していくことは、標準的で前例のある設計を行うよりもコストはかかるであろう。しかしその結果生み出されたデザインは、施工あるいは維持管理に係るコストを引き下げ、その大きさは設計段階でのコストアップと比較できないほどに大きくなる。地域住民をはじめとするステークホルダーの理解を促進し、事業を円滑化し、コストを下げる。逆に言えば、こうした成果をもたらすようなデザインの実践を可能とする取り組みこそがデザイン戦略と呼びうるものとなる。

A-5〈 プロジェクトを真に成功させるためのデザイン戦略

　都市に必要な道路〈横浜北線〉は、生身の人間が暮らす環境に挿入されるメガストラクチャーであり、その建設には長い時間がかかる。このプロジェクトをマネジメントし、「よいもの」として形にし、機能させる。そのためにデザイン戦略を立て、実践してきた当事者との対話から、関わるひとたちの間に信頼を構築し、質を向上させ、長期にわたってやり切るための知としてデザインがある、ということが見えてきた。太田氏がまとめてくれた〈横浜北線〉のデザインにおけるパートナーシップの図では、3者が相互補完的に支え合っていることがわかる。そして一番下に、建設的な議論ができる環境と制約条件の共有という、文字どおりプロジェクトを進めていくための場が横たわっている（図19）。

　エンジニアリングの粋を集めた土木のメガストラクチャーのデザインは、"地図に残る仕事"としてそれを語る以上に、地域の物語をつむぐ存在として、プロフェッショナルが叡智を注ぐべき仕事である。そのうえでさらに考えなければならないのは、物語の出発点となる、どのようなものを私たちは必要とするのか、しないのか、といった議論であろう。その議論を進めるためにも、具体的で統合的な目に見えるデザインを媒体として、なりたい未来の姿を描くこと、その可能性を広げることも、土木に必要な仕事である。

	アドバイザー会議	首都高速	コンサルタント
できること	デザインコンセプトから現場まで一貫したアドバイス	デザイン決定・推進・実現 VE によるデザイン見直し	統合デザイン 意図伝達 包括的な意思決定の支援
体制	4人の専門家 ＋首都高 ＋横浜市	土木、施設、調査環境等で構成するチーム北線景観	管理技術者が一元化 必要に応じて各分野の専門家を参画
継続性	当初から完成まで継続 年に1〜5回計22回開催	2〜3年で異動	業務ごとにプロポーザル選定
組織文化	横浜に由縁のある専門家 現場主義	事業や技術、地域に対する真摯な対応と向上心	土木・建築への俯瞰的な視点
専門性	専門性の異なる専門家	各構造物のエンジニア	景観・デザイン
環境	建設的なディスカッションの環境 情報、工程、コスト、進捗等の制約条件の共有		

図19　横浜北線のデザインにおけるパートナーシップ（提供：太田啓介氏）

Chapter

2

市民目線の
歩道橋デザイン

丹羽信弘
中央復建コンサルタンツ㈱

　土木はまちの風景である。道路・河川・鉄道・公園・水道・電気など皆さんの周りにある
インフラは土木でできている。それがまちの骨格になって、普段目にする日常の風景として
目立たずに、そこに住むひとたちの安全安心な暮らしを支えている。なかでも重力に逆らっ
て川や道路を跨ぐ橋・橋梁は"土木の花形"として注目される存在であり、土木と言えば橋
をイメージされる方も多い。

　ひとくちに橋梁といっても、用途によって道路橋・鉄道橋・歩道橋・水路橋と数多くの種
類がある。また架ける地域によっても、河川橋・こ道橋・こ線橋・山岳橋梁・海上橋梁・都
市内橋梁・高架橋などに分かれる。規模によっても、1,000 m を超える長大橋から家の前の
水路を一跨ぎで渡る 2 m 程度の小さな橋梁まで千差万別だ。

「土木発・デザイン実践の現場から」

第2回

「デザイン賞歩道橋」はどのように創られたのか

開催年月：2020年11月6日

遠藤泰人氏
(㈱空間スタジオ)

松井幹雄氏
(大日本コンサルタント㈱)

椛木洋子氏
(㈱エイト日本技術開発)

　トークセッションズ #2 では、"「デザイン賞歩道橋」はどのように創られたのか！"と題して、これら多くの橋梁のなかでも、デザイン（構造形式・全体形状・細部ディテールの計画と設計）の自由度が高く、引きをとって眺める対象でもあり、それでいて利用者が直接触れて佇むことができる「歩道橋」に着目した。1980年代、2000年代、2010年代と設計年代の異なる4つの歩道橋の設計者として、〈鶴牧西公園歩道橋〉では建築家の遠藤泰人氏（㈱空間スタジオ）、〈はまみらいウォーク〉〈川崎ミューザデッキ〉では建設コンサルタントの松井幹雄氏（大日本コンサルタント㈱）、〈桜小橋〉では建設コンサルタントの椛木洋子氏（㈱エイト日本技術開発）を迎え、会場参加者として発注者・デザイナー・施工者らも交えて議論を深めた。

CASE
02

桜小橋
新しいスタンダードとしてのデザイン

2019年度 優秀賞

DATA

・所在地　：東京都中央区勝どき二丁目 2 番先〜晴海一丁目 8 番先
・設計期間：2009 年 12 月〜2015 年 3 月
・施工期間：2014 年 7 月〜2017 年 10 月
・事業費　：約 25 億 5000 万円
　　　　　　事業費には両側の耐震護岸とその地盤改良、面積が本体よりも広い作業構台
　　　　　　などが含まれる。
・事業概要：歩行者専用橋（橋長 87.8 ｍ）、
　　　　　　PC3 径間連続ラーメン中空床版橋

　〈桜小橋〉は、朝潮運河という東京に残る歴史的な水辺に架かる橋長 87.8 ｍの
PC3 径間連続ラーメン中空床版橋である。月島・勝どき・晴海地区の回遊性を高め、
晴海通りの歩道混雑緩和と、災害時の避難路確保のために計画された二つの橋のう
ち、勝どきと晴海を結ぶ歩行者専用橋である。

　二つの橋が朝潮運河と月島川が交差する水面を挟むように架かることから、「歴史
的な水辺空間の魅力を活かし、周辺地域および運河空間の回遊性を生み出すことで、
今まで以上に地域の活力を向上させる歩行者専用橋と水辺空間」というデザインコン
セプトのもと、橋と橋詰空間そして接続街路までがトータルにデザインされている。

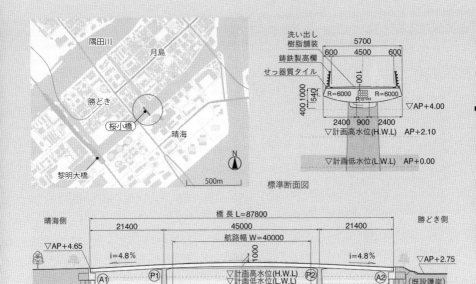

標準断面図

側面図

平面図

将来の耐震護岸整備ライン

特徴
- 都市内で通勤動線にあって、運河を跨ぎ、桁高制限を受ける歩道橋
- 厳しい制約条件をエンジニアリングデザインで解決したお手本
- 非常にシンプルで橋の全体シルエットは、白い線がふわりと浮いて見える形
- 水上からの眺めも考慮した柔らかい曲面の桁下面や、桁と橋脚の一体形状
- 全体から細部まで親しみや愛着が感じる上質で丁寧なデザイン
- 橋のたもとに向けて幅を広げ、歩きやすく佇みたくなる橋上空間
- 排水桝や排水管がなく、非常にスッキリと美しい橋の外観
- 橋前後の一連の歩行者空間において、とくにディテールデザインの密度と質が高水準

鶴牧西公園歩道橋

日常的な風景としての逸品

2014年度 優秀賞

DATA

- ・所在地　：東京都多摩市鶴牧
- ・設計期間：1988 年 4 月〜 1989 年 3 月
- ・施工期間：1989 年 8 月〜 1990 年 6 月
- ・事業費　：6000 万円
- ・事業概要：歩道橋（橋長 44.1 m）、RC 3 径間連続ラーメン床版橋

　1990（平成元）年、多摩ニュータウン・唐木田地区の開発にともなって架けられた、緩い螺旋階段をもつ歩道橋である。高台にある中高層集合住宅地域内の歩行者路と、6m 下で直交する生活道路とを連結する機能に加え、その歩行者路を公園内の園路に連続させる機能をあわせもつ。

　利用者による自転車の押し歩きを可能とするために長いスロープが必要とされていたが、歩行者路の用地は直線でしか確保されていなかったため、特例として螺旋部は公園用地にはみ出すことが許され、この案が実現可能となった。また、機能を満足するための螺旋状の特徴的な形態が、ささやかなランドマークとして存在することになった。螺旋部中央のハイポール照明も全体のイメージを引き立てるシンプルなデザインとしている。

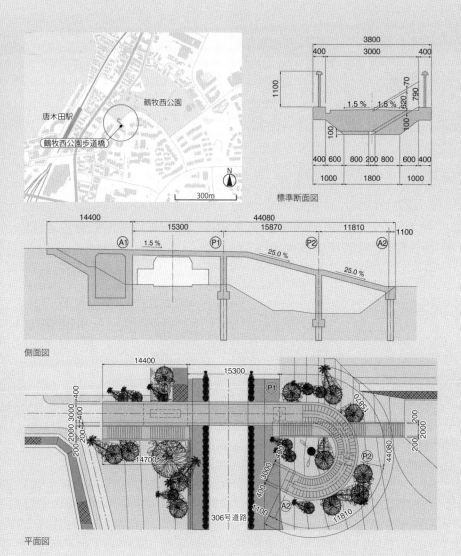

標準断面図

側面図

平面図

特徴

- ・郊外ニュータウンで通学路にあって、道路を跨ぎ、起終点の高低差を結ぶ
- ・高欄トップレールを親柱まで連続させたデザイン
- ・直交する道路からは透明で、歩行者は「面」を感じるバラスター高欄
- ・コンクリートの桁や支柱は、スリットやエッジによってスレンダーに表現
- ・桁断面を延長した橋台と緑化斜面の接合部が綺麗に収まりなじむ形状
- ・階段の曲線部から眺める景色が、歩き進むごとに変化する効果も楽しい
- ・建設後30年以上経過しているが、維持管理もよく非常に綺麗な橋

CASE 04

はまみらいウォーク

都市に挿入されたチューブ

2011年度 優秀賞

DATA
- 所在地　：神奈川県横浜市西区高島 1 丁目 36 番地先〜 1 番地先
- 設計期間：2004 年 9 月〜 2005 年 3 月
- 施工期間：2005 年 10 月〜 2008 年 6 月
- 事業費　：約 17 億 3000 万円
- 事業概要：歩行者専用橋（橋長 92.7 m）、
　　　　　　鋼 2 径間連続ラーメン鋼床版箱桁橋

　横浜駅からみなとみらい 21 地区へ接続する歩行者専用デッキである。地区の新たな玄関口とすべく、駅に隣接する再開発ビルから帷子川を跨いで伸び、日産本社ビルと水際線プロムナード（川沿いの遊歩道）をつないでいる。

　設計者はデザインコンペによって決定された。河川内に設置する橋脚は、基本設計当初の単径間から 2 径間に変更されたという。結果として桁高が薄くなり、橋脚形状に紡錘形断面を採用することでスレンダーなシルエットに磨きがかかるとともに、鋼重低減にもつながった。また、P1 橋脚に複合 PC ウェル工法を活用するなど、高いデザイン性を確保しながら適切なコストダウンの提案、実現も果たした。その他、構造ディテールや照明装置など、細やかな部分にまで工夫を重ね、みなとみらい 21 地区のイメージに沿ったデザインに仕上げられている。

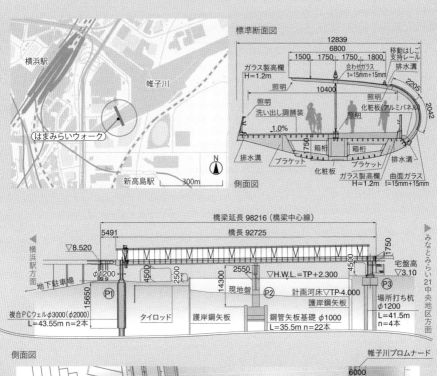

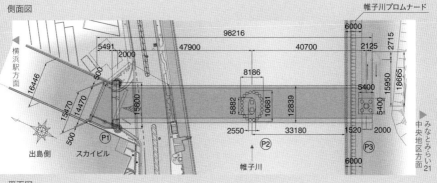

特徴
- ・都市内で通勤動線にあって、河川を跨ぎ、ビルとビルを結ぶ歩道橋
- ・空や水を映しながら水面上に浮かぶ透明なチューブをイメージしたデザイン
- ・さわやかな風を受けるとともに、風雨から歩行者を守る流線型断面のフォルム
- ・シェルターに曲面ガラスを採用し、全体がチューブ状になる箱桁断面形状
- ・透明で重さや圧迫感を感じず快適なガラス屋根
- ・海に向かいシェルターを開放し軽快で気持ちの良い形状
- ・市街地側からの未来感を感じる「水面に浮かぶ透明チューブ」

CASE 05
川崎ミューザデッキ
再開発を牽引するディテール

2010年度 優秀賞

DATA
・所在地　　：神奈川県川崎市 JR 川崎駅西口
・設計期間：2001 年 11 月〜2002 年 6 月
・施工期間：2002 年 9 月〜2003 年 11 月
・事業費　　：8 億 1000 万円
・事業概要：歩行者専用橋（橋長 124.6 m）、
　　　　　　鋼 4 径間連続ラーメン鋼床版箱桁橋

　〈川崎ミューザデッキ〉は、JR 川崎駅西口地区の市街地再開発事業として整備された人道橋（橋長 125 m、幅員 7.5 m）である。駅改札に直結する既存の屋根付き東西自由通路（幅員約 20 m）壁面に開口（幅約 10 m）を設け、そこを起点に音楽ホールを有する再開発ビル（ミューザ川崎）と連結し、さらにビル手前で既存の川崎駅前東西連絡歩道橋（幅員 3 m）とも接続する。デッキ北側の（計画当時は）緑量豊かな駅前広場空間に視線を誘導し、デッキ南側（線路側）にあるホテルへの遮蔽効果も勘案して、デッキシェルターを片持ち構造としている。また、デッキそのものが、デッキ下にあるバス停シェルターの機能を果たすように線形計画を調整するとともに、橋脚配置がデッキ構造の中心からずれる構造計画となっている。現場の状況と条件をさりげなくデザインに取り込んだ好事例である。

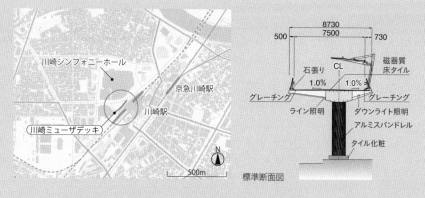

標準断面図

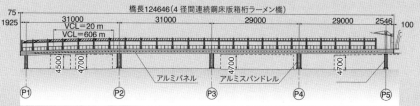

側面図

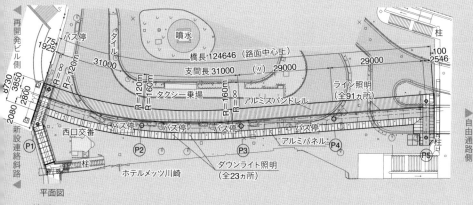

平面図

特徴 ・都市内の駅前広場にあって、駅と周辺ビルを結び、バスターミナルの屋根
　　　　も兼ねる歩道橋

　　　・緩やかな弧を描きバスシェルターを兼ねる開放的な桁下空間

　　　・樹木群方向に開け、片持ち構造の軽快なシェルター形状

　　　・構造物に内蔵する照明、舗装パターンなど緻密なデザイン

　　　・デッキの上面と下面とでは、異なる趣を楽しめる都市内の構造物

　　　・設置が避けられない橋脚付き排水管を目立たせず、違和感なく設けた好例

　　　・ペデストリアンデッキとして、構造・デザイン・施工、三拍子揃った力作

Q04 地域のポテンシャルを引き出す受発注とは？

A-1 時代ごとに変わる受注形態

図1 〈鶴牧西公園歩道橋〉スタディ模型

図2 〈川崎ミューザデッキ〉

図3 〈はまみらいウォーク〉

図4 〈桜小橋〉

　受注の形態は、昭和から平成へ、時代とともに変貌を遂げている。三者三様の受注方法を時代順に見てみよう。まず1980年代に設計した〈鶴牧西公園歩道橋〉（図1）。今ではほとんど設計業務では行われない「指名競争入札」によって建設コンサルタント会社が受注している。しかしその会社は自社でデザイン業務を行わず、建築家の遠藤泰人氏（㈱空間スタジオ）に橋梁デザインが託された。当時は標準設計の歩道橋が量産されていた時代で、橋梁のデザイン業務やその必要性への認知度もまだまだ低かったという。結果遠藤氏が、擁壁・スロープ・歩道橋の一体的なデザインを担当している。

　2000年代はじめに設計した〈川崎ミューザデッキ〉（図2）は、事業者から設計他を委任された企業からの下請けとしての契約である。当初より会社名を公開する点を契約に盛り込んで対応したそうだ。松井幹雄氏（大日本コンサルタント㈱）らの実績が評価されて受注に至ったそうだ。これに続く〈はまみらいウォーク〉（図3）は、当時の土木分野でほとんど行われていなかったデザインコンペの先行事例である。当時の"横浜みなとみらい"といえば横浜市肝煎りの開発エリアで、施設の整備事業には必ずデザイン調整会議が行われていたという。本件でもデザインコンペに近い設計者選定が行われ、指名プロポーザルを〈川崎ミューザデッキ〉の実施体制を引き継いだチームで挑み、優れた技術提案により特定受注となっている。

2010年代に入ると、デザイン力のある建設コンサルタント会社に指名プロポーザルで発注されるようになる。椛木洋子氏（㈱エイト日本技術開発）は、2009（平成21）年の国際橋梁デザインコンペ「広島南道路太田川放水路橋りょうデザイン提案競技」で最優秀賞を受賞したことを認められ、〈桜小橋〉（図4）のコンペで指名プロポーザルを勝ち取り特定受注している。

A-2〈競争入札からプロポーザルへ。そして設計競技（コンペ）へ

　ここからは受注形態の歴史を概観してみたい。わが国の生活基盤や産業基盤などの社会インフラの整備は、戦後復興時から事業量が拡大し、それまで役所で内製していた設計業務を民間へ外部委託するようになっていく。1959（昭和34）年には、設計を行う事業者には施工を行わせてはならないという「設計・施工分離の原則」が国によって明確化され、設計業務（調査、計画、設計）を行う建設コンサルタント業が確立し、現在に至っている。これにより現在、多くの橋梁設計業務は建設コンサルタントの仕事である。

　当初は、事前審査を受けた希望者が応札し、最も安い価格を提示した者が落札受注する最低価格落札方式が主流だった。1994（平成6）年に「公共工事に関する入札・契約制度の改革について」が閣議決定され、それまでの最低価格落札方式から、最も優れた技術提案者が落札するプロポーザル方式が本格的に導入される。また2005（平成17）年には、調査・設計の品質をより厳しく担保させる「公共工事の品質確保の促進に関する法律」（通称、品確法）が施行。いっそう価格よりも技術力が重視されはじめる[注]。2018（平成30）年に発刊された『土木設計競技ガイドライン・同解説＋資料集』が追い風となり、現在は優れた設計案を選定する設計競技（デザインコンペ）が、積極的に行われるようになってきた。これはつまり、多くの事業者にも「安上がりで簡単なデザインより、ひとに優しく・周辺地域のポテンシャルを引き出し、ランドマークにもなるデザインが場所の価値を高め、結果的に事業価値を高める」ことが理解されたと捉えられるだろう。

　ただし、デザインコンペの開催は簡単ではない。発注者は特に、デザインの提案（設計）条件として、この地にどういった歩道橋を求めているのかを明確に言語化することが求められる。条件設定の整理・提示と関連情報の提供、応募者が提案を作成するための十分な時間と費用の確保についても、入念な準備が必要だ。そして言うまでもなく、デザイン案を審査する技量と見識をもつ審査員の人選が大変重要である。

注）（一社）建設コンサルタンツ協会HP　https://www.jcca.or.jp/

Q05 プランナーやエンジニアは デザインとどう向き合っている?

A-1 議論はフラットな関係で

　歩道橋のデザインや設計は1人でできるものではない。全体デザインを統括管理するもの、デザイナー、構造エンジニア、CADオペレーター。複数のメンバーからなるプロジェクトチームが協働している。ここからは、橋梁事業において関係者はどのように協働し、デザインをまとめたのかを各事例から考察してみたい。

　〈川崎ミューザデッキ〉と〈はまみらいウォーク〉は、ともに橋梁デザイナー・大野美代子氏を迎えた事業である。しかしいずれの事業も設計プロセスをデザイナー任せにはせず、プロジェクトメンバーそれぞれがアイデアを提案しながら、議論して検討を深めたことが良いデザインを生んだという。例えば〈はまみらいウォーク〉で特徴的なチューブ状のシェルター。この半開放型の形状は、利用者の通勤動線として雨風や強い日差しを除けられること、日中吹く気持ちの良い海風を取り込むことを意図してつくられた。地区に移転してきた日産自動車本社ビルに続くゲートウェイとしての昂揚感と、海側に開けた立地を活かしたいという大野氏の案(図5)が元となってはいるが、海特有の強い風の扱いに苦労し、最適な高欄の高さを検討するために何度もシミュレーション解析を行ったという。結果、全面を屋根で覆うのではなくガラス屋根で適度に日差しを遮りつつも風をスムーズに流すこの断面となった。フラットな関係での議論が、良質なデザインを生んだのだ。

　このように、橋梁デザイナーと呼ばれる存在は大きいが、大野氏のような人材はまだ少なく、デザイナーが参画する橋梁プロジェクトも限られている。そのため多くの橋梁プロジェクトは、エンジニアやプランナーたちプロジェクトメンバーがいかに知恵を結集してデザインに取り組むかが成否をわける。デザインという言葉の意味は多面的だ。橋梁エンジニアにとっては、橋梁計画のことであり、設計する行為である。市民から集めた税金を使ってつくられる橋梁事業には、コスト意識も欠かせない。「用強美」を極限まで突き詰めて統合した、無駄のないデザインが求められる。

　橋梁は「用強美」の総合知ともいえるだろう。デザイナーだけでなくプランナーもエンジニアも日頃から造形への知見を深め、プロジェクトメンバーが自由で闊達な意見交換をし、チームでデザインを洗練させていく。その際忘れはならないのは、事業者のためではなく、その向こうにいる利用者である歩行者目線でデザインを考えることである。

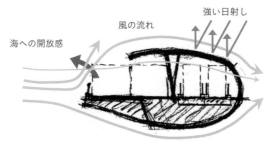

強い日射し

風の流れ

海への開放感

図5　大野美代子氏によるデザイン初期のスケッチ〈はまみらいウォーク〉

　デザイン総括者・デザイナー・エンジニア（設計チーム）の連携体制が緊密だった〈桜小橋〉も、皆好き放題に議論を交わしながらデザイン案を出し合える良い現場だったという。厳しい桁高制限での構造検討や平面形状や高欄・地覆や排水設備など、担当領域を超えて議論することで生まれたデザインは多い。景観・構造・設備と、立場の違う関係者の方向性がピタッと合致する時、景観と構造とがシンクロして両方の質が劇的に向上するデザインが生まれる（次節参照）。

A-2〈 厳しい制約条件から解き明かす

　橋梁（歩道橋）を計画する際に与えられる設計条件には、幅員構成、交通量、線形といった幾何条件のほか、地形・地質条件、荷重条件、交差条件、施工にあたっての制約条件などがある。特に歩道橋では歩行者が快適に交差物を跨ぎ、向こうへ渡る必要があることから、バリアフリーも含めて縦断勾配はできるだけ緩やかにし、歩行による不快な振動を抑え、眺望も妨げないデザインが求められる。

　橋脚配置や支間割、桁高さは厳しい制約条件によって制限されている。そのなかで事業者が求めるのは、さらにその向こうの利用者にとって"渡りやすくて・美しい歩道橋"だろう。これを実現する橋梁構造形式をどう導きだすか、デザイナーやエンジニアにとっては腕の見せ所である。

　〈桜小橋〉の設計条件は、交差する運河航路の建築限界（幅 40 m× 高さ 4.5 m）を跨ぎ、晴海側は今の地盤高さに合わせ、バリアフリー縦断勾配を 5％以下で実現するために桁高を 1 m（支間桁高比 1/45）とするものであった。この桁高 / 支間比で、たわみや不快振動を与えず、運河の通航を確保しながら施工するのは至難の業である。突破口となったのは、常識的な吊構造や下路構造を採用せず、上路形式の桁橋の採用だった。

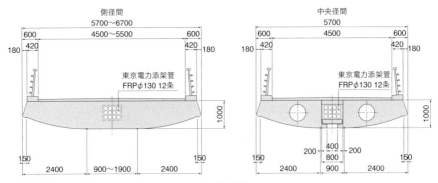

図6　側径間のアップリフト対策としての断面の工夫〈桜小橋〉

　桁橋はたわみやすい鋼床版桁でなく、高強度コンクリートのラーメン構造を採用し、中央径間はプレキャストコンクリート桁とした。台船（海上作業用の箱船）を用いた架設計画で施工性を担保した。さらに、支間バランス 1：2.2：1 に対して生じる側径間のアップリフト（浮き上がり）も、中央径間を中空断面として軽量化し、側径間を充実断面＋幅員拡幅で重量化するという構造デザインで解決した（図6）。標準的とされる構造形式別の支間桁高比表を使った橋梁計画では実現できない、まさにエンジニアの技量がなせる業である。

　〈桜小橋〉における構造デザインのアイデアは、お見事の一言に尽きる。通常の橋梁形式と適用支間（桁高さ）といった固定概念を外して、通常では考えられない桁高 / 支間比でスッキリとした、渡りやすい美しい歩道橋を実現させた。"当たり前"や"過去の慣例"を取り払い、どのようにすれば制約条件を乗り越え、構造美あふれる歩道橋が導き出せるか、考え抜かれたデザインである。

A-3〈 事業者・設計者・施工者が一体となって現地でトライ

　良いデザインは設計者だけでは創りあげられるものではない。普段の設計業務では、事業者と設計者とで協議を重ねることはあっても、施工者とはよくて工事着手時の三者会議での意見交換や設計意図の伝達程度であり、建築のような施工監理・デザイン監理までは行われていない。

　しかし〈桜小橋〉では、高強度 $\sigma ck = 70$ N/mm^2 の現場打ちコンクリートの施工や、地覆外側の端部を彩るタイルの色決めや配色配列にあたっては、事業者・設計者・施工者が集まり三者が合同で、現地で確認しながら施工が行われた（図7）。

図7　業者・設計者・施工者の三者による現場確認〈桜小橋〉

　この現地確認が、デザインの仕上がりの決め手となった。土木は公共事業なので、事業（担当）者は2〜3年で異動する。設計者（デザイナー）が現場監理を行おうにも、取り次いでもらえる担当者がいない場合も多い。しかし、実際に橋がつくられる現場が設計者の意図どおりに仕上がるためには、やはり実物を見ながらの確認が一番有効であろう。道路橋や鉄道橋とは異なり、多くの利用者が直接触れ、親しまれる歩道橋においては、今後、現場での連携実現は重要な業務になると考えられる。

　最近の土木デザインコンペでは、要件にあらかじめデザイン監理者の配置が明記されることが増えてきた。なぜこれまで行われてこなかったのか疑問だが、願ってもないことである。

Q06 ⟩ こだわるべきディテールは？

A-1 ⟨ 心地よく、軽やかに：構造やディテールは自由

　ここからは、本章で取りあげた4事例のこだわりのディテールと、具体のテクニックを紹介したい。子どもからお年寄りまで、幅広い利用者がいる歩道橋において、優れたデザインを実現するためにおさえておきたい部位は3点。まず、橋面の両側に立ち防護柵でありながらも、利用者が直接触れたりもたれたりできる「高欄と地覆」。そして、直射日光や雨風をしのぎ歩行空間の印象を決める「シェルター」。最後が、歩道橋自体の外観と経年変化での汚れや劣化に大きく影響する「排水設備」である。歩道橋デザインには、この三つのアクセサリーディテールが重要な意味をもつ。それでは、歩道橋利用者にとって自由度が高く、心地よく軽やかな構造・ディテールを詳しく見ていこう。

A-2 ⟨ もっともひとに近い高欄

　〈鶴牧西公園歩道橋〉の高欄は、かまぼこ型の太い半円形が空中に浮いていて、側面から見るとトップレールが飛んで見えているようなデザインである。実際に手で触った感じも良い。太い支柱がないバラスタータイプの縦桟で支え、部材を細くすることで透明にみせている。1980年代後半の設計当時はバブル景気の真っ只中で、鋳物で製作された比較的高価な高欄は、繊細なデザインだ。足元も武骨なボルトが見えないようおさめられ、アプローチ階段の曲線ループ部も丁寧に施工されている。

　さらに注目したいのが、高欄と親柱とを無関係にせずに一体とし、高欄のトップレールを延長して親柱とうまく絡めているところだ（図8）。高欄トップレールの水平連続性を親柱の手前で切らずに、親柱にまで連続したデザインは今見ても斬新で、手すりとして使う歩行者にも優しいデザインである（図9）。

　〈川崎ミューザデッキ〉の高欄と地覆は、高欄を内側に傾斜させる形状や透明感のあるガラスを使った初期の作品ではなかろうか。バリアフリー対応として設けられた高齢者用と幼児用の2段手すりの受け方も、支柱の根本を絞り、皿ねじで止めて頭が出ないようにするなど、ひとが直接触れる部分であるがこそ、細心の注意が払われている（図10）。

　地覆は高欄支柱のボルト表面が出ないよう、目隠しプレートで美しくカバーされ、

図 8　高欄トップレールを親柱まで連続させた〈鶴牧西歩道橋〉の高欄

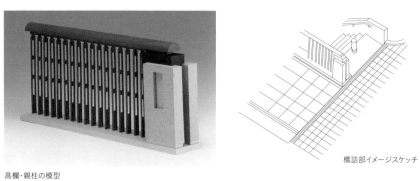

高欄・親柱の模型

橋詰部イメージスケッチ

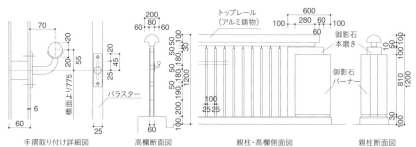

手摺取り付け詳細図　　高欄断面図　　　親柱・高欄側面図　　　親柱断面図

図 9　〈鶴牧西公園歩道橋〉高欄・親柱デザイン

図 10 〈川崎ミューザデッキ〉地覆高欄排水溝

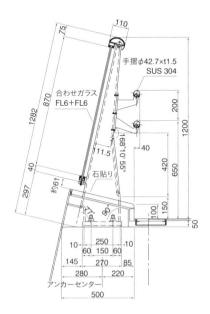

図 11 〈川崎ミューザデッキ〉地覆高欄排水溝

図12 〈桜小橋〉地覆高欄排水溝／a.歩行者目線、b.外側から、c.高欄照明、d.地覆外側の演出照明

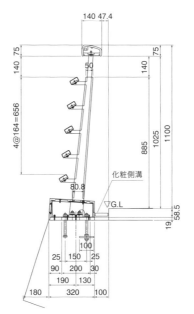

図13 〈桜小橋〉地覆高欄排水溝

表面を内側に傾斜させることで汚れの原因となる表面水が外側に垂れることもない。エッジを効かせてシャープなフェイシアライン（水平ライン）をデザインしている（図11）。

〈桜小橋〉の地覆と高欄デザインは、非常にシンプルでありながら、地覆部のおさめ方が秀逸である。通常の地覆はコンクリート造で高欄の支柱がアンカーボルトによって固定される構造であるが、支柱の取付けボルトが表面に出ないよう、地覆に埋設したフラットなデザインに注目したい。ボルトの埋設は取り換えや維持管理の問題が生じるものの、高欄支柱の地覆に開閉式の蓋付鋼製ボックスを設けた。支柱足元の水回り問題にも、ボックスを二重構造とすることによってしっかり止水している。そして地覆には可愛い色使いのタイルを貼って、外側に演出照明まで入れられるよう細工されている（図12）。

シンプルなデザインの高欄だが、なによりも大きな特徴は縦桟でなく横桟を採用しているところだ。利用者のよじ登りを防止する安全管理面では縦桟の採用が一般的だが、縦桟だと進行方向に支柱が重なり歩行者目線では壁状に風景を遮ってしまう。そこで、横桟を支柱の外側に配置する、高欄を内側に傾けるなどの工夫により安全性を高めている。もちろん、管理者とともに検証を重ねた結果の採用である。さらに、デザインコンセプトである「水辺の魅力を引き立てる」ために、横桟の角型鋼材は30度傾けてひし形に取り付けることで部材の厚みが軽減され、歩行者からも水面が大きく見え、開放感があるデザインが実現している（図13）。

A-3 〉 橋面空間を決定づけるシェルター

〈川崎ミューザデッキ〉のシェルターは、弧を描く平面線形にリズムと動きを与え、排水管や照明器具のおさまりが良い形状をいくつも検討している。支柱を斜め外側に傾け、屋根も斜めに吊り上げることで、先端がシャープに絞られた形状だ。筆者が完成当初訪れた際には、一目見てそのスタイリッシュな造形に魅了されてしまった（図14）。雨水処理の排水管を二つの支柱の間に通したデザインも秀逸であった。完成度の高いデザインに思えるが、設計者の探求心は尽きないようで、設計者の松井氏によると「折角軽やかに見せるために支柱を分けたのに、その間を排水管で埋めてしまったのが心残り。もっと良い方法があったのでは」という思いが消えないそうだ。

完成後にその場に立ってみないことには、意図したデザインが実空間にどう立ち現れるのかはわからないもの。とはいえ、達成感だけでなく課題の発見も、さらなるデザイン力に磨きをかける。設計者（デザイナー）なら見習いたい姿勢である。

図14 〈川崎ミューザデッキ〉先端がシャープなシェルター／配水管の納まり

図15 〈はまみらいウォーク〉チューブ形状のシェルター／屋根を支えるV脚

〈はまみらいウォーク〉のシェルターは、橋面の約7割となる7mの幅員に屋根がかかり、橋全体が円形のチューブ形状となる断面が特徴である。地覆外側の足元から曲線で曲がる片持ち梁の屋根を、橋面からV脚が支える構造だ。V脚の上側にはシェルター越しに橋軸方向の連続梁が配置されているが、通行していてもまったく気づかない軽快さがある（図15）。接続部のボルトも見えないおさまりで、直交する部材の接続は鋳鋼を採用、照明のためにあらかじめ電気配線穴を空けておくなど、細やかなディテールの集積によって、明るく開放的な内部空間となっている。梁の先端にはLEDの照明が付けられ、橋面に青色の光が落ちるデザインは、都会的なデッキの印象をさらに魅力的に演出している。特に電気配線では、プルボックスの配置がコントロールポイントとなる。配水管を目立たなくするのと同様、電気配線を目立たなくするおさまりは、構造設計と同時に設備設計を行うことで実現されている。

A-4 〈 橋梁景観を左右する排水設備

　目障りな排水管の配置や汚れや水カビの原因となる水仕舞いの善し悪しも、歩道橋のデザインにとって完成後の景観における重要な影響因子だ。

　〈鶴牧西公園歩道橋〉では排水管は一切外には出さずに、上部工であるRC床版橋内を貫通させて橋脚の一部断面を切り欠いたスリットに通し、ステンレス鋼板で蓋をしている。設計者の遠藤氏によると「橋脚頂部にも同じくステンレスのリングを巻くことでデザイン上のバランスをとった」そうで、結果は見てのとおりスッキリと仕上がっており、銀色に光るカバーが良いアクセントになっている（図16）。

　〈川崎ミューザデッキ〉では、排水管はあえて橋脚の外に出し、根巻コンクリートの外側にまっすぐ垂直に配置している。ここで注目すべきは、まっすぐの配管デザインだ。横引きや上部構造から曲管を使ってクネクネと配管せずに、バンドも設けずに取り付け用の鋼板を溶接し、ストンと落として橋脚と同色にすることで目障り感が低減されている（図17）。「アクセサリとして主橋体に後付けするのではなく、主桁断面の

図16　〈鶴牧西公園歩道橋〉排水管の納まり

検討時点で検討し、排水管の位置から主桁断面や歩車道分離の位置を決めることもある」と設計者の松井氏は言う。排水管を後づけで納めるのではなく、設計初期からその位置と納まりを検討していたからこそ生まれた、排水管への配慮に好感がもてる。

〈はまみらいウォーク〉の橋面排水は、地覆の内側を排水溝としてステンレスの樋を配置し、グレーチングを橋軸方向に連続配置したことで、材質と色の違いで歩道端を明確にしている（図18,19）。また、シェルターの雨水処理は1.8 m ピッチの円弧のビームに沿わせてステンレスの配水管を全区間に取付け、外観意匠として見せることで排水処理であることを意識させないデザインである（図18）。

〈桜小橋〉はほかの橋とは違って、交差する屋形船などへの配慮から橋面から垂れ流し排水は行わず、橋面の両側に設けた排水溝で桁端部を流末としている。橋桁には一切排水桝を設けず排水管も添架しておらず、橋の外観には排水管が一切見えない美しいデザインである（図20,21）。

では、排水桝を設けない排水構造がどうやって実現できたのか。椛木氏によると、道路土工排水工指針では、降雨強度を約90 mm/h の雨量で設計するが、歩道橋の場合は30 mm/h 程度の雨を排水できれば十分で、それ以上の土砂降りの雨では、路面に雨水が流れていたとしても苦情を言う歩行者は少なく、交通安全から迅速に排水処理するという道路橋と同じ考え方の適用は意味をなさないとして発注者を説得し、このデザインを可能にした。歩道橋設計の場合、道路橋と違って実際の歩行者使用を考えて降雨量を交渉すると、了解されることが多いという。

図17 〈川崎ミューザデッキ〉ストレートで取付けバンドがない排水設備

図18 〈はまみらいウォーク〉地覆高欄排水溝／a. 高欄と地覆排水溝、b. シェルター外観

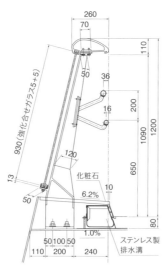

図19 〈はまみらいウォーク〉地覆高欄排水溝

図 20 〈桜小橋〉排水管がない外観

図 21 〈桜小橋〉地覆内側の排水溝

A-5〉見た目を整えることは大事

　橋梁は社会生活に欠かせないインフラであり、建設後100年間以上使用することを求められている。しかし年月が経つと雨だれやカビで黒ずむなど、美しさを損なう例が多い。せっかくの美しい歩道橋が台無しである。また、道路を跨ぐ歩道橋では、地上5〜6m以上の高さまで登らなければならず、利用するひとにとっても渡りやすく利用したくなる配慮は欠かせない。

　〈鶴牧西公園歩道橋〉では、地覆の外側や桁下には汚垂れを防止する水切りが設けられている。管理者のメンテナンスが良く、建設後30年を経過しても美しい外観である。コンクリート塗装も定期的に塗り直され、現在もまちの日常風景として親しまれ、通学する子どもたちや市民にも愛されているのがわかる。設計者の遠藤氏は、小学生をどう心地良く渡らせるか、低い位置からも軽快なデザインをどう実現し楽しませるか、苦心して設計したのだという。土工部への取付けについても、橋台幅を小さくして上部構造の水平連続性を強調し、交差道路を利用する者にも圧迫感を感じさせないのが見事だ（図22,23）。

　〈桜小橋〉は、利用者を優しく迎え入れるため約10度広げられた心地良い入口（図24）と、ストレスのない緩やかな縦断勾配を実現した桁高／支間比：1/45の構造計画が秀逸である。地覆外側に張られた可愛いタイルは利用者の愛着を誘うとともに、高欄を伝う水による汚れの防止にもなっている（図25）。橋梁にとって水は劣化要因であり、雨仕舞や水切りで弱点をなるべくつくらないことも重要だ。さらに海に近く塩害が懸念されるエリアなのでコンクリート表面への塗装も行われている。

　一般的に、駅前などの人目に付く歩道橋の桁裏は化粧板で覆われ、お化粧されることが多いが、化粧板のコストは主橋体コストと同程度と高額となる場合もある。維持管理の観点では近接目視点検の妨げともなりかねず、極力排除し構造美で魅せるのが理想だろう。

　とはいえ、4事例のうち〈川崎ミューザデッキ〉は桁裏に化粧板を設けている。松井氏によると、ホテルの目の前に平行して架かり、バス停のシェルターにもホテルの玄関口にもなることから、桁下全面が天井のような柔らかい印象となるように箱桁下フランジを曲面としている。ホテル側は暗い印象とならないように、光を反射する平滑面とする意図で、下フランジをそのまま地覆位置まで延長する断面構成を検討したそうだが、結果としては密閉箱桁となることを避ける観点から化粧板を採用している。車道側も同様の理由で化粧板としているが、こちらは桁に仕込んだ連続照明によって印象的な夜景を演出することを狙った仕上げである（図26）。

図22 〈鶴牧西公園歩道橋〉橋台形状

図23 〈鶴牧西公園歩道橋〉橋面の通学風景

図24 〈桜小橋〉10度に開かれたアプローチ

図25 〈桜小橋〉支間桁高比1/45スレンダーな形状

図26 〈川崎ミューザデッキ〉曲面下フランジ／化粧板による地上空間演出

図27 〈鶴牧西公園歩道橋〉
RC 主桁断面

図28 〈はまみらいウォーク〉
鋼主桁断面

　そのほかの三つの橋は、コンクリート桁の場合、主桁断面形状にテーパー・エッ
ジ・スリットを設けて薄くシャープに見せる工夫（図27）や、鋼桁の場合、主桁の
添接をボルト接合ではなく溶接接合とする、張出し床版を大きくとってブラケットを
リズミカルに配置する、維持管理用の吊り金具は見えない位置に配置するといった工
夫が施されることで美しい外観となっている（図28）。

Q07 "渡りたくなる"歩道橋をつくるには？

A-1 〈 生活者目線で考える

　ここまで見てきたとおり、歩道橋は、構造形式と細部のディテール両方の自由度が高い。快適で美しく、渡りたくなる歩道橋をつくるには、やはりデザイン力が求められる。

　では、歩道橋のデザインで大切なこととはなんだろうか。「"生活者目線"で良いデザインを考えても、難しい、つくりにくい、経済的でないといった評価を下されやすい。そんな時に妥協せず、実現のために周囲を説得することが重要」と椛木氏は話す。「まずは生活者として日常をしっかり楽しんでほしい。その感覚を磨いて、自身がほしいものを市民に還元する。結果として、見たことのないオリジナリティあふれる橋に到達できれば、なお良い」という松井氏の言葉も印象的だった。遠藤氏も、「この程度で良いだろうと妥協せず、これが自分たちの設計した橋だと子どもに言えるようなものをつくってほしい」とエールをくれた。

　やはり重要なのは、利用者である市民の目線で考えることに尽きるのであろう。本章で紹介した設計者は皆、設計する機会を得たなら、100年地域に愛される歩道橋をつくってやろうという気概がある。主橋体のデザインはもちろん、高欄・シェルター・排水設備といったひとに近い内部空間や外観のデザインをトータルでデザインしている。

A-2 〈 「デザイン」に向き合う

　普段何気なく利用している歩道橋も、多様な土木技術によってデザインの可能性は無限に広がることが伝わっただろうか。かといって「さあ良い歩道橋をつくろう」「見たことのない歩道橋を考えよう」と言われても、そう容易く実践できるものではもちろんない。橋梁デザインとは、"なんかカッコイイ形"をつくることではない。「デザイン」という行為は、それを成り立たせる構造やディテールのアイデア出しのことであり、施工者や事業者と力をあわせ組み立てる橋梁計画のことであり、時に反対されても細部まで妥協しない意匠設計のことであり、それらすべてが総合的に作用して初めて、美しい橋が生まれる。本書で紹介した歩道橋デザインのアイデアやディテールも、個別のテクニックとしてではなく、その思考プロセス、用強美を統合して導き出すための数々の発想の転換として役立ててほしい。

Chapter
3

身近で小さな土木のデザイン

星野裕司
熊本大学くまもと水循環・減災研究教育センター 准教授

「昔は予算や規模の大きさばかりを競っていたけど、最近は"堤防の上を散歩したいんだけど、土手を登る階段が遠くて……"なんていうおばあちゃんの声に応えて、みんなが使いやすいところに階段をつくる事業の方が大事だと思うようになった」という、ふとした時に聞いた国土交通省職員の言葉が印象に残っている。このような視点から土木デザインを見直してみること、これが本章の問題意識である。

　Chapter 1では高速道路、Chapter 2では歩道橋を紹介した。両者は、人々の暮らしを縁の下の力持ちのように支える土木の一般的なイメージにあたるだろう。しかし、人々にとってもっと身近な場所、触れやすい小さなモノにも、土木らしいデザインはある。そこで、それらの代表的な事例として、広場のデザインを本章では扱う。また、土木には、一つの専門に特化した技術という側面以上に、様々な視点や技術の統合という側面が強くある。その

土木学会デザイン賞20周年記念 Talk sessions
「土木発・デザイン実践の現場から」
第6回

小さな土木をデザインする

開催年月：2020年12月23日

崎谷浩一郎氏
（㈱EAU）

熊谷玄氏
（㈱スタジオゲンクマガイ）

岩瀬諒子氏
（岩瀬諒子設計事務所、
京都大学）
（当時：岩瀬諒子設計事
務所、東京芸術大学）

　総合性や包摂性は、土木と近接する分野の方々と議論をすることを通して浮き彫りになって
くる。

　そこで、土木の最前線に立ちながら隣接分野でも活躍する三氏を招き、上記の問題意識に
ついて議論を深めていった。お呼びしたのは、土木のデザインを専門としながらも映画制作
や食堂経営まで幅広く活動をしている崎谷浩一郎氏（㈱EAU）、アートの現場からスタート
し、ランドスケープデザイナーとなってからも、その枠にとどまらない実践を展開してい
る熊谷玄氏（㈱スタジオゲンクマガイ）、大学では土木に所属しつつ建築も広く学びながら、
建築家として、建築、プロダクト、土木とスケールを横断しながら活躍する岩瀬諒子氏（岩
瀬諒子設計事務所、京都大学）である。土木デザインの「今」を議論するにあたって、30
〜40代の彼らの言葉ほど説得力があるものはないだろう。

CASE 06 グランモール公園再整備

世界とつながるディテール

（提供：㈱スタジオゲンクマガイ／撮影：フォワードストローク）

〔2018年度 奨励賞〕

DATA
- 所在地　：神奈川県横浜市西区みなとみらい3丁目
- 設計期間：2012年10月〜2015年3月
- 施工期間：2015年4月〜2016年3月（第1期）
　　　　　　2017年1月（第2期）
- 事業概要：近隣公園（面積2万3102 m²）

　横浜市みなとみらい21地区に1989年供用が開始された〈グランモール公園〉の再整備事業。約700 mの全長にわたって、美術館、商業施設、住宅など、様々な用途の建築敷地に接している。計画にあたってはパブリック領域（公園）とプライベート領域（隣接敷地）の接点に中間領域として「テラス」を設定するという基本構成を採用した。様々に展開する「テラス」空間は、人々をそぞろ歩きへ誘うことで屋外のパブリック空間の価値を発見させる。また、広場の中心であり、東西のペデストリアンネットワークとの結節点を「プラザ」、街区全体を貫く水紋の舗装パターンを施した中央の主動線を「モール」と設定し、バラバラに存在していた4つの広場に対して〈グランモール公園〉のイメージ統一を図った。

美術の広場
(提供：㈱スタジオゲンクマガイ／撮影：フォワードストローク)

桟橋の広場
(提供：㈱スタジオゲンクマガイ／撮影：フォワードストローク)

眺めの広場
(提供：㈱スタジオゲンクマガイ／撮影：フォワードストローク)

ヨーヨー広場
(提供：㈱スタジオゲンクマガイ／撮影：フォワードストローク)

特徴　・グリーンインフラの思想に基づき、貯留砕石路盤の積極的導入に保水性舗
　　　　装や水景施設を組み合わせ、大きな水循環の仕組みを公園の中に構築
　　　　・海や港をイメージさせることを基本テーマとして、舗装、ベンチ、水景か
　　　　らグレーチングまで、トータルにデザインし、全体の一体性と個別の場所
　　　　の多様性を創出

ふらっとスクエア

コミュニティを育む隣人公園

（提供：㈱EAU）

〔2019年度 奨励賞〕

DATA
- 所在地　：徳島県三好市池田町 2175 番地 3
- 設計期間：2012 年 8 月〜2013 年 2 月／7 カ月
　　　　　（WS による合意形成を含む）
- 施工期間：2013 年 3 月〜2013 年 7 月／5 カ月
- 事業費　：約 2400 万円
- 事業概要：都市公園（面積 1094 m²）

　徳島県三好市の旧池田町の中心に位置する公園。小さな公園でありながらも、まちの賑わいを牽引してきた阿波池田駅前商店街と阿波池田銀座街が交わる場所に位置していること、阿波池田駅と歴史的なうだつのまち並みとを結ぶ場所に位置していることから、地域にとって重要な拠点である。利用者各々が自分の居場所として親しめる「公園のパーソナル化」をデザインすることで、地域の将来を自分事化していける拠点づくりを目標としている。公園周辺のカフェや宿泊施設、新しくオープンするワインショップや市立図書館の移転などとも連動して、新たな文化拠点になりつつある。個人の関わりとそれがもたらす社会基盤の自律的維持を目指した公園である。

住民によるお手入れの風景（提供：㈱EAU）

学生の放課後利用（提供：㈱EAU）

アーケード・広場・山並みの連続（提供：㈱EAU）

丸山神社の花火を眺める人々（提供：㈱EAU）

特徴

・整備対象外であった、道路を挟んだ敷地も一体的に整備することにより、通学路を公園内に取り込んで若い人が日常的に公園に接する機会をつくる

・愛着のあった商店街の舗装を公園へ再利用すること、利活用を寛容するフラットで使い勝手の良い公園とすること、適度な密度の植栽により整備後の公園への関わりを生み出すことなどによる、公園のパーソナル化に向けた様々な試み

・短い工期の中で、維持管理を見据えた住民の会を設立。毎日の清掃と年に数回の芝刈りや花植えにより、日常的に公園へ立ち寄るきっかけとなり、日常的な利用を通じて、公園を綺麗に保つという好循環

CASE 08 トコトコダンダン

積層する時間のデザイン

（提供：岩瀬諒子設計事務所）

（2018・2019年度 奨励賞）

DATA
- 所在地　：大阪府大阪市西区立売堀六丁目から新町四丁目
- 設計期間：2012 年 9 月〜 2017 年 3 月
- 施工期間：2014 年 1 月〜 2017 年 3 月
- 事業費　：約 4 億 7000 万円
- 事業概要：河川敷地内の遊歩道及び広場空間
  　　　　　（延長 240 m、面積 4300 m²）

　「防災施設としての堤防」と「ひとの居場所としての水辺」とを両立するランドスケープデザイン。

　先進的なのがまず設計者選定のプロセスである。大阪府内の部局内連係や、大阪府立江之子島文化芸術創造センターが協働した官民協働の体制により、参加資格を問わないデザインコンペを実施。設計から施工まで一貫してデザイナーが有責のもとに関わり、構想から竣工までのあらゆる過程において、行政、施工者、住民など立場や専門性の違う人々の妥協ない対話が行われた。堀川が埋め立てられた跡地であった敷地は、「カミソリ型」の防潮堤で囲われていたが、この堤防の断面に階段状の構造物やスロープ状の盛土のデザインを描き加えることで、水とまちを面的につなぐやわらかな境界や、ひとと水辺の新たな関係を獲得している。2017 年 4 月に供用開始した。

運用やルール変更に柔軟に対
応するサイン計画
（提供：岩瀬諒子設計事務所）

ポーラスコンクリート・真砂土
インターロッキング
（提供：岩瀬諒子設計事務所）

特徴　・仕組みのデザインや地域の自治に向けた市民活動の創造性により、現代に
　　　　　おける水辺のあり方を総合的に探求

　　　　・市民の日常にとっては縁遠い堤防という土木施設を家具のような存在に変
　　　　　え、住民自ら手入れをすることができる植栽帯の設置などを通して、イン
　　　　　フラの風景を利用者の手で耕しつくりかえていく機会を提供する

　　　　・「トコトコダンダンの会」によるアドプト活動や維持管理ガイドブックの
　　　　　策定プロジェクトの発足など、地域の自治に向けた取り組みを継続

Q08 ▷ 小さな土木だからできることって？

A-1 ⟨ 当たり前の日常になる

――ひととまちの関わりシロをつくる（崎谷浩一郎）

　大きなものとして捉えられがちな「土木」には必ず、行政が行うもの、だれかが整備・維持してくれるものという他人事としての施設イメージが付きまとう。では反対に、そのような大きいものに対して、小さいものにはどんな特徴があるだろうか。手に取りやすい、愛らしい、工夫しやすい、などがすぐに思い浮かぶだろう。土木に小ささを見ることはつまり、その土木施設に、手に取りやすさ、自らの手による工夫のしやすさ、といったひととまちの「関わりシロ」を価値と捉えることといえる。

　〈ふらっとスクエア〉は、人口約2万5,000人の小さなまちの呉服屋さんの跡地につくられた、わずか1,000 m²の小さな広場である。緑の芝生広場を中心にしてフラットで見通しが良い。かつての商店街の舗装を公園に再利用したり（図1）、道の反対側も一体的に整備して通学路を公園の中に取り込んだりと、ひととまちの「関わりシロ」を豊かにすべく入念にデザインされている。土木学会デザイン賞審査員であった石川初氏は、この公園を"隣人公園"と評した。ご近所さんの家に並ぶ植木鉢もまるで公園の緑に見えてしまうくらい、親近感のある風景をよく表す言葉だ。

　大道芸や四国酒まつりなどのイベントも開かれるようになったが（図2）、住民にとっては相変わらず、二つの商店街が交わるヘソのように大切な日常の居場所である。一般に、賑わいを目指す都市内の整備はイベントの開催を目的としてしまうことが多いが、それらはカンフル剤のようなモノなので、365日打ちつづけることはできない。〈ふらっとスクエア〉のように、日常的なひととまちの「関わりシロ」が365日当たり前にあるのが、都市の健全な姿なのであろう。

A-2 ⟨ 場のメンテナンスで自分ごとにする

――土木にお手入れを（岩瀬諒子）

　まちや場所と人々の関わりが具体的に現れるのは、維持管理の場面といえるだろ

図1　商店街のインターロッキング（ふらっとスクエア）（提供：㈱EAU）

図2　〈ふらっとスクエア〉で開かれたイベント（提供：三好市）

図3　平面図（ふらっとスクエア）（提供：㈱EAU）

本文中のラベル：
インターロッキング舗装（再利用）
ボーダー舗装
釜戸ベンチ
ハクモクレン
釜戸ベンチ
ホルトノキ
30mベンチ＋目隠しフェンス
ベンチ
クスノキ　水飲み場
芝生広場
花壇
手押しポンプ＋せせらぎ水路
駅前通り商店街
銀座通り商店街
木漏れ日広場
花壇
コナラ
コナラ
ヤマザクラ
四阿
カエデ
飛び石園路舗装（麦飯石）
アカシデ
表名柱
コンクリート平板舗装（一部再利用）
20m

図4　住民と行った芝張（ふらっとスクエア）（提供：㈱EAU）

図5　デザインされたお手入れのための装置（トコトコダンダン）（提供：岩瀬諒子設計事務所）

う。近年の緊縮財政においては、公共空間の維持管理も大きな課題となっている。デザイン面においても、植栽や芝生はやめてアスファルト舗装をして仕上げるなど、費用を安く、管理を容易にすることは重要な検討項目となった。しかしそうではなくて、その場所のお手入れこそが、ひととまちの「関わりシロ」を生み、関係性をより強固にするという発想の転換ができないだろうか。

　住民との丁寧なワークショップから産まれた〈ふらっとスクエア〉（図3）では、芝張を住民とともに行う（図4）とともに、商店街と連携したお手入れ（管理運営）の体制が設計段階から検討に組み込まれており、広場の緑のお手入れをするグループとして、商店街の女性会が発足している。また〈トコトコダンダン〉にも、トコトコダンダンの会というお手入れグループがある。〈トコトコダンダン〉では、組織づくりだけでなくお手入れ道具も「関わりシロ」にしている点がユニークだ。通常であれば目立たないところに設置される清掃用具入れや水やりのホースリールを、空間のデザインとしてあえて可視化させている（図5）。〈ふらっとスクエア〉が周辺との関係を拡張することで「関わりシロ」を創出しているのに対し、〈トコトコダンダン〉はひとの「介在可能性」（岩瀬涼子）を生み出すモノとして、お手入れ道具を装置化しているのである。

　デザインの対象を維持管理まで拡張する発想は、これからさらに重要となるだろう。しかしこのような関わりにおいて最も課題となるのは、その継続性・持続性である。〈ふらっとスクエア〉の女性会では当番表をつくり、オーダーメイドのモノが多い〈トコトコダンダン〉では、維持管理のためのガイドブックをつくっている。活動の継続に課題は付き物だが、それらの活動をみんなで共有できるモノのデザインや仕組みのデザインに落とし込んだ、二つの事例に学ぶことは多い。

A-3 〉 平凡でさりげない「日常」のデザイン

——信頼できる場所をつくる（熊谷玄）

　豊かな関わりがある場所は、人々にとってどんな価値を生むのだろうか。〈グランモール公園〉（図8）の設計者である熊谷氏が言うように、子どもと場所との関わりをイメージするとわかりやすいかもしれない。例えば、ある子がカブトムシを捕りに毎年のように早朝から通ったクヌギの木があったとしよう。その子にとってはほかのどの木よりも大事で特別な木であり、その木に強い信頼を抱いているだろう。場所と深く関わることによって生まれるのは、このような信頼感であると言っていいかもし

図6　日常の居場所となる（トコトコダンダン）（撮影：生田将人氏）

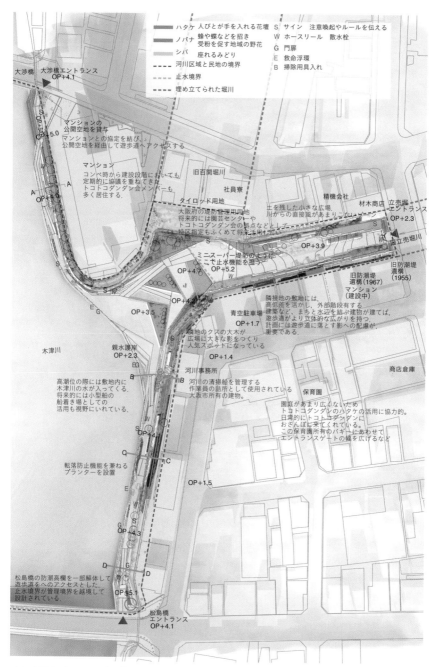

ハタケ 人びとが手を入れる花壇
ノバナ 蜂や蝶などを招き
受粉を促す地域の野花
シバ 座れるみどり
河川区域と民地の境界
止水境界
埋め立てられた堀川

S サイン 注意喚起やルールを伝える
W ホースリール 散水栓
G 門扉
E 救命浮環
B 掃除用具入れ

大渉橋 大渉橋エントランス
OP+4.1

マンションの公開空地を貸与
マンションとの協定を結び、
公開空地を経由して遊歩道へアクセスする

マンション
コンペ時から建設段階においても
定期的に協議を重ねてきた
トコトコダンダン会メンバーも
多く居住する.

OP+5.0

OP+6.0

OP+5.1

旧百間堀川

社員寮

タイロッド用地
大阪府の堤防管理用地
将来的には園芸センターや
トコトコダンダン会の拠点などとして
活用を視野にいれている

精機会社

材木商店 立売堀
エントランス
OP+2.3

旧立売堀川

ミニスーパー 提防のように
ここで止水機能を担う
OP+5.2

OP+4.7

OP+4.2

OP+3.5

OP+3.9

土を残した小さな広場、
川からの直達風があまり…

隣接地の敷地には、
高低差を活かし、外部階段のある
建築など、まちと水辺を結ぶ建物が建てば、
遊歩道がより立体的な広がりを持つ.
計画には遊歩道に落とす影への配慮が
重要である.

旧防潮堤
遺構（1967）

旧防潮堤
遺構（1955）

マンション
（建設中）

青空駐車場
OP+1.7

隣地のクズの大木が
広場に大きな影をつくり
人気スポットになっている

OP+1.4

木津川

親水護岸
OP+2.3

河川事務所
B 河川の清掃船を管理する
作業員の詰所として使用されている
大阪市所有の建物.

高潮位の際には敷地内に
木津川の水が入ってくる.
将来的には小型船の
船着き場としての
活用も視野にいれている.

OP+4.1

転落防止機能を兼ねる
プランターを設置

OP+1.5

商店倉庫

保育園

園庭があまり広くないため
トコトコダンダンのハタケの活用に協力的.
日常的にトコトコダンダンに
おさんぽに来てくれている.
この保育園所有のバギーにあわせて
エントランスゲートの幅を広げるなど

OP+4.3

松島橋の防潮高欄を一部解体して
遊歩道へのアクセスとした.
止水境界が管理境界を越境して
設計されている.

OP+5.1

松島橋
エントランス
OP+4.1

図7　平面図（トコトコダンダン）（提供：岩瀬諒子設計事務所）

図8　まちをつらぬく人のための場所（グランモール公園）（提供：㈱スタジオゲンクマガイ／撮影：フォワードストローク）

れない。

　そしてこの信頼感は直接関わりをもつひとにとどまらず、自然と周囲に伝播する。綺麗にお手入れされた場所は、ふと通りすがりにその場に佇むだけのひとにとっても、その空間の背景に人々の愛情が透けて見える。その場所に安心して居ることができる。あるいは、そこに行くとだれかに会えるということ。これもまた、信頼を抱くきっかけとなる。

　おそらく、このような信頼が育まれていくのは、ひととモノ、ひととひとの間にコミュニケーションが発生するかどうかなのだろう。お手入れとは、まさにひとと場所との相互交流、コミュニケーションである。

　広場ときくと私たちはつい、非日常な賑わいを求めてしまうが、一意的に賑わいを求められるそれとは異なり、日常の小さなコミュニケーションが根ざす健全な広場の姿を〈ふらっとスクエア〉に見た。こうした日常の信頼感は、今後ますます重要な、場の評価軸となるだろう。歩行者交通量などの量的指標ではなく、行為の多様性などの質的指標で図る取り組みが世界各地で始まっている。洪水や津波を防ぎ、安全な日常を提供することを目的として存在する土木においては、平凡でさりげない「日常」のデザインこそが、相性が良いといえるのではないだろうか。

Q09 どうしたらひとに寄りそう土木構造物が つくれる?

A-1〈 身体性は時間にも宿る

——1日、ひとときのためのデザイン（崎谷浩一郎）

　耐久性や消費期限の長さは、だれもが土木の特徴として容易に思い浮かべるだろう。市民感覚からすれば、莫大な予算をかけ、暮らしを支える社会基盤として整備される土木施設なのだから、50年、100年と存続してもらわなければ困る、と考えるのも当然だ。1年で買い換えられるTシャツや数年で機種変更されるスマートフォンとは違うのである。またそれが防災施設だとすれば、想定する災害が起こる確率は、100年や1000年に一度である。しかしそのような時間的なパースペクティブをもつからといって、その場で過ごすひとときや1日をなおざりにしても良いのだろうか。例えば、洪水を防ぐためだけにつくられたカミソリ堤防のように。もちろん、それは否である。一つの目的のためにだけ整備するには土木構造物はあまりに大きく、高価なものである。堤防であれば、洪水を防いでくれるだけではなく、川沿いを散歩しながら自然に触れ、多忙な日常に一息入れる遊歩道もほしくなるのが人情であるし、また多くの堤防が日常的にそのような場所として使われているのもまた事実である。

　重要なことは、多様な機能を共存させること、そして、それを使う人間の身体性からデザインを考えることである。前者は、先に述べた一つの構造物を単一機能のみで考えないことに対応している。逆に言えば、一つの構造物に多様な機能を盛り込むことは、デザインという行為の本質の一つであると言っても良い。それでは後者の「人間の身体性を考える」とはどういうことか。一般的には、"ヒューマンスケール（身体寸法）"に配慮して、ひとが居心地良く過ごせる空間をつくることを意味する。しかしそれだけではない。身体性とは、空間だけでなく時間にも紐づくからだ。ここでいう時間とは、土木施設が目指す50年100年ではなく、あるひとにとっての具体的なひとときなのだということに、注意が必要である。そのようなひとときとは、例えば、何の目的がなくても、広場に来れば友達がいて、特別じゃなくても大切な時間をともに過ごすことができる（図9）、そんな時間である。空間的な「ヒューマンスケール」だけではなく、時間にも拡張した「ヒューマン"タイム"スケール」（崎谷浩一郎）という発想が必要になるのではないだろうか。

図9　友人との日常のひとときを過ごす
（ふらっとスクエア）（提供：㈱EAU）

図10　様々なアクティビティを誘発するデザイン
（グランモール公園）（提供：㈱スタジオゲンクマガイ
／撮影：フォワードストローク）

A-2 ⟨ 行為に含まれる多様性を発掘する

—— 時間・行為の微分をしてみる（岩瀬諒子）

　ひとそれぞれ多様なひとときに想いを馳せること、つまり様々な多様性について
考えるためにはまず、一つの行為を分解し、微分してみるという発想をもってみよ
う。例えば、座るという単純な行為。大人が座るのか、子ども、あるいは老人が座る
のか。1人で座るのか、みんなで座るのか。ドンと腰を落ち着けて、読書をしながら
長い時間を過ごすのか。買い物の途中で、ちょっと腰掛けてスマホをチェックするの
か。ざっと考えただけでも、座るという行為には多くのシチュエーションがある。行
為を微分するとは、このように一つの行為に含まれる多様性や豊さを発掘し、それら
を通してデザインを彫琢していくことなのである。
　700m続く〈グランモール公園〉は、「ヨーヨー広場」「美術の広場」「桟橋の広場」
「眺めの広場」と名づけられたエリアで構成されている。横浜のアイデンティティと
して海をイメージさせるデザインが共通テーマとなり、それぞれの広場にエリア特有

堤防を椅子がわりにつかうおじさん

既存の堤防
▼ OP+5.2 H.W.L

防潮堤をせもたれにしてて
ピクニックを楽しむ人々

図11　多様な使われ方（トコトコダンダン）（提供：岩瀬諒子設計事務所）

のベンチが設けられている。例えば、「美術の広場」には、木陰にズラッと並ぶ白い
カタマリが（図10）。波の形を面的にモデリングした海の形象で、そこからひとの動
線をくり抜き、残った部分をベンチとして立ち上げたものである。そのため、それぞ
れが異なる形をしている。大きさも高さも異なるそれらのベンチでは、1人で座る、
友達と座る、子どもが遊具とする、スケボーが使う、濡れた服を乾かすなど、多様な
行為が生まれており、ベンチの周りで生まれる行為の多様性に対する、設計した熊谷
玄氏らの深い洞察が現れている。

　一方で細かな段差や階段が連なる〈トコトコダンダン〉は、一見して使いづらいと
思われるかもしれない。しかしこの細かな段差は、利用する時間帯によって多様な使
いこなしを見ることができる。朝は散歩するおじいちゃん、昼休みには段差を枕に昼
寝する会社員、夕方はダンダンで遊ぶ子どもたちや、段差を使ってリハビリをする近
くの病院の患者さん、夜は仕事帰りに腰を下ろして一息つく大人たち、といった具合
だ（図11）。〈グランモール公園〉のベンチと同様に多様な行為を誘発している。

　一般的に、大きな空間の整備は、機能でゾーニング分けをしてデザインされること
が多い。しかし彼らのように行為と時間で微分してみると、異なる使いこなしを無数
に掛け合わせることができる。だからひとが集まるのである。「発達する情報技術や
ヴァーチャル空間に対するリアルな空間の価値とは何か」と問われたトークセッショ
ンズで、「行為の多様性」（熊谷玄）や「偶然性や包括性（インクルーシブ）」（岩瀬諒
子）との答えを提示した両者だが、彼らの設計した空間こそ、まさにその価値を実感
させてくれる場なのであろう。

図12 人それぞれの過ごし方（グランモール公園）（提供：㈱スタジオゲンクマガイ／撮影：フォワードストローク）

A-3 〉挑戦を通して他者に寄り添う

——ひとが暮らす空間をつくる責任（熊谷玄）

　さて、このような視点をもつことは、デザイナーにどのような態度を迫るのであろうか。まずは、他者の営みに対する眼差しである。言葉を変えると、あらゆる他者への優しさをもつこと、とも表現できる。賑わいが求められることの多い公共空間整備だが、他者とワイワイ過ごすことだけが広場の役割だろうか。恋に敗れた時、人間関係に疲れた時、雑踏の中独りで過ごすことによって救われた経験はないだろうか。

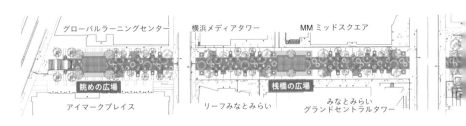

図13 平面図（グランモール公園）（提供：㈱スタジオゲンクマガイ／撮影：フォワードストローク）

〈グランモール公園〉では、ベンチなどのファニチャーの配置やスケール感を丁寧に検討することで、1人ポツンと佇むひとが見咎められない居場所づくりが追求された（図12）。〈ふらっとスクエア〉や〈トコトコダンダン〉における多様な利用者の寛ぎ方を見ても、他者に対する優しい眼差しが設計を支えていたことは明らかだろう。

　一方でその眼差しは、デザイナーに新たな挑戦を要請する。まず、いかに新しい素材の使い方を発想できるかだ。〈グランモール公園〉（図13）では、コンクリート、煉瓦、木材、スティールなど、様々な素材が画一的でない居場所を生み出すことに寄与している。例えば「ヨーヨー広場」の船をモチーフとしたベンチは、新技術で加工が施されたアセチル化木材によってつくられているが、水に強いという素材の特徴を活かして、舗装と同じレベルのデッキからテーブルレベルまでを滑らかにつないだ特徴的な形態をしている（図14）。単なる修景として植えられてた街路樹も、このベンチに内包されることで、多様な過ごし方ができる居場所としての木陰に変貌した。限られた予算の公共空間整備でいかに素材を選び、空間の個性を最大化するおさまりや仕上げを考えるかは、デザインワークにおける醍醐味の一つだろう。

　また、土木と建築を股にかけて活躍する岩瀬氏は、「身体から都市まで、グラデーショナルに考える」ことの重要性を指摘する。その視点は、吊り橋などに使われるケーブルという土木資材を、天板を支える構造体として使ったテーブル（可能性としては、長さ60mの脚のないテーブルがつくれる）（図15）など、独創的なデザインを生む母胎となる。加えて注目したいのは、この視点が、関わるプロジェクトを俯瞰的に捉える批判精神につながっていることである。トークセッションズにおいても岩瀬氏は、海面上昇によって水浸しとなったサンマルコ広場を長靴で歩くひとたちの写真を見せながら「治水整備はなぜ堤防でないといけないのか。長靴ではダメなのだろうか」との問いを投げかけてくれた。もちろん洪水は、水位だけではなく水圧や流速という外力も重要なため、長靴で防ぐことはできない。しかしこのような批判的な視点がなければ、正解が一つしかないという固定観念や思い込みの前提条件を打破することはできないし、柔軟な発想のデザインも生まれない。

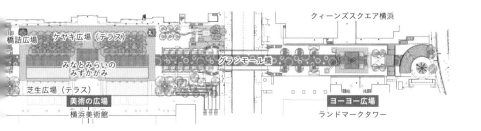

図 14　新しい素材に対するチャレンジ（グランモール公園）（提供：㈱スタジオゲンクマガイ／撮影：フォワードストローク）

furniture with strand rope, 2014
Interior design

Strand rope used for bridges

図 15　読み替えによって引き出される素材の可能性（ドボクノヘヤ 2014）（提供：岩瀬諒子設計事務所）

　「ひとが暮らす空間をつくるのは、私たちにしかできない仕事」と熊谷氏が言うように、多様な利用者に対する眼差しの優しさと、常に自らに挑戦を課す厳しさ、どちらも私たち土木技術者がもつべき責任なのだと思う。

図16　港のつながりを可視化する（グランモール公園）（提供：㈱スタジオゲンクマガイ／撮影：フォワードストローク）

Q10 ▶ 土木によって表現できる"まちの履歴"とは？

A-1 ⟨ 見えないネットワークを可視化する

——近くから遠くまで見てみる（熊谷玄）

　「小ささ」という視点から、土木のデザインを考えてきた。この「小ささ」とは、決して規模を示しているのではない。デザインをする際にもつ視点の「細やかさ」であり、直接触れられる「具体性」である。最後に、このような「小ささ」が、実は見えないものまで含んだ「大きさ」や「長さ」につながっていくことを考えてみたい。

　〈グランモール公園〉には海を共通テーマとしたエリアごとのベンチがデザインされていることは先に述べた。「美術の広場」にある波のベンチはまさしく海のイメージそのものだが、一方「桟橋の広場」のベンチは白い御影石と黒い煉瓦による直線的な造形で、一見して海のイメージはわからない。しかしこの黒い煉瓦に秘密がある。横浜は日本有数の港町で、世界中103カ所の港とつながっているらしい。ベンチを構成する煉瓦には、そのすべての港の名前が彫り込まれているのである（図16）。さらに注目したいのは煉瓦の積み方だ。イギリス積みやフランス積みなど、それらの港がある地域に即した積み方でつくられているという。私たちの暮らしにまつわる衣食住や文化、あらゆるものがこうしたグローバルな流通ネットワークで支えられているわけだが、日常生活のなかで、その事実に気づくことはほとんどない。しかし、このベンチに座った子どもが、ヒューストン（アメリカ）やオデッサ（ウクライナ）の名前を煉瓦に見つけ、なぜこんなところに地名が掘ってあるんだろうと疑問に思った時、その見えないネットワークが可視化されるきっかけが生まれているのである。

　見えないつながりの顕在化は「水」でも行われている。〈グランモール公園〉の水飲み場は大きな円盤の形にデザインされている（図17）。円盤をよく見ると、横浜を流れる川の線形と距離が記してある。空から降った雨が川や地下を流れ、生き物や植物を活かしつつ、海へと流れ込み、水蒸気は雲となってまた雨を降らせる。私たち人間もこのような水循環の一部を担っている。水を飲むという身近で身体的な行為を、大きなつながりの一部と捉える工夫である。

A-2 〈 時間の蓄積やリズムを体験に変える

——履歴や環境の見える化（岩瀬諒子）

　時間も、見えないつながりの一つだろう。私たちが暮らす都市は、長い時間をかけて人々が暮らしつづけてきた場所であり、そこには必ず暮らしの履歴、時間的なつながりがある。

　岩瀬氏は、木津川沿いのカミソリ堤防の遊歩空間化である〈トコトコダンダン〉を、「堤防のリノベーション」と捉える。1955 年の埋め立て時に最初につくられた堤防は、1967 年には高潮を防ぐために高くなり、阪神大震災後の 2009 年には、耐震性能を高めるために太くなっている。それらの構造物がもつ風化したコンクリートの素材感を活かして空間をリノベーション、つまり履歴を見える化しているのだ（図 18）。細かなダンダンは、潮の満ち引きや降雨によって連続的に変化する水位を、いわばデジタル化（ビット化）することによって、より感知しやすく変換させてもいる（図 19）。建築における優れたリノベーション事例にも感じることであるが、その振る舞いは、古く使いづらくなったものを現代風に使いやすくするという機能的な改善に加えて、あるいはそれ以上に、その場所がもつ時間の蓄積を、新鮮さをもって体験させてくれるものである。〈トコトコダンダン〉は、空間の履歴や地球のリズム、それらに敏感に感応することによって、空間的にも時間的にも、豊かで多様な襞をもった場所となっているのである。

A-3 〈 土地の暮らしを物語として記録する

——地域の宝をつなぐ、物語を続けていく（崎谷浩一郎）

　空間的に大きく、時間的に長いつながりは、「物語」と言い換えることもできるだろう。人々が触知できるモノや空間が様々な「物語」を引き受ける意義は、これまで述べてきたとおりである。しかし、それらを引き受けるだけではなく、新たに「物語」を生み出すことも、土木デザインにとっては大切なことであろう。

　崎谷氏らは、宮崎県西都市で、日本神話（記紀）の時代から続く道のデザインにおいて、空間整備だけではなく様々な活動を通した物語づくりに挑戦している。日本最大の古墳群が広がる宮崎県西都市には多くの日向神話が残っているが、それらの伝

図17　横浜における水のつながりを体感する（グランモール公園）（提供:㈱スタジオゲンクマガイ／撮影:フォワードストローク）

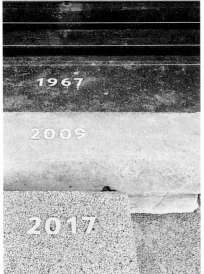

図 18　土地の履歴を可視化する（トコトコダンダン）（提供：岩瀬諒子設計事務所）

図 19　自然の動きを実感させるデザイン（トコトコダンダン）（提供：岩瀬諒子設計事務所）

承地を逢初川に沿ってつなぐ散策路が〈記紀の道〉である。2005 年に始まった事業は 2022 年にいったんの完成を迎えたが、整備期間中は、まちの活動を掛け合わせたプロセスデザインにも力が注がれ、例えば「記紀の道」というサイン板が設置されるタイミングごとに地元小学校の書道の成果を採用している。まさに「関わりシロ」のデザインである。さらに、そのような整備プロセスを記録するために行われたのが、「みちのみちのり」という映画づくりである（図 20）。単なる工事記録ではなく、この地に暮らし、ホタルやハスを育て、2000 年にわたって風景を育んできた人々の日常とともに、道がつくられていくドキュメントとして編集されている。整備された空間や場所そのものからは伝わらない、その場に込められた想いを伝えるためのアーカイブメディアとして、映画という形で残したのだ。この映画はこれからも土地に暮らす人々の想いを可視化すると同時に、これから産まれていく豊かで新しい物語を紡いでいく媒体となるのだろう。

地域の宝をつなぐ

使いながらつくる

ローカルでつくる

図 20　みちのみちのりプロジェクト（提供：㈱EAU）

A-4 〈 小さな手がかりから豊かな物語へ

　本章では、大きなものと思われがちな土木の小ささに着目してきた。小ささとは、構造物の規模を指すわけではなく、他者の営みに目を向ける優しさ・細やかさであり、素材やディテールにこだわるデザイナーとしての厳しさであり、モノだけではなくプロセスにも意識を向ける責任感であった。それらの姿勢は、結果としてそのまちらしさ、世界とのつながり、時間の蓄積、人々の想いなどといった物語を紡ぎだしている。様々な歴史やグローバルなネットワークのなかで暮らす私たちだが、人間はいつの時代も、手に触れられるものからしか世界にも歴史にもつながっていけない。だからこそ土木の仕事は、目の前の暮らしを支える基盤をつくりつづけるのである。登壇者三氏に共通する「小さな手がかりから豊かな物語へ」という姿勢は、これからのあらゆる土木プロジェクトに必要な心構えでもあるのではないだろうか。

第2部

都市の戦略

―――

まちの未来を託す
シンボル空間のデザイン

　減少する人口、賑わいの消えたまちなか、頻発する自然災害、老朽化するインフラ。悩みの程度は違えど、すべての都市が、その行く末に不安を抱えているのではないだろうか。なにに未来を託すべきなのか。まちの生き残りをかけた競争が激しさを増すなか、都市のまちづくり戦略が問われている。

　第2部では、自然災害や戦争で壊滅的な被害を受けたまち、それなりの観光客がいるのにまちに恩恵がもたらされなかったまちを取り上げる。いずれも、土木デザインで、人々が生き生きと暮らす舞台をつくり、見事に都市再生を実現した事例だ。
なぜそのようなことが達成できたのか、土木デザインで都市を救う方法について考えたい。

Chapter

4

生存戦略としての
公共空間デザイン

末　祐介

中央復建コンサルタンツ㈱

　2011年3月の東日本大震災により、建物の7割が全壊・流出という甚大な被害を受けた女川町。人々の生活と生業の場をゼロからつくり直す復興まちづくりは始まった。なかでも〈女川駅前シンボル空間〉は、復興するまちが前に進むためのフラッグシップとして大きな役割を果たしている。

　5名の登壇者に参加いただいたトークセッションズは、この〈女川駅前シンボル空間〉を核とした一連の土木デザインとまちづくりの可能性を、地元当事者と外部専門家それぞれの対話から見つけ出すことを目的とした。まず「女川町復興まちづくりデザイン会議」の専門家の皆さん。委員長を務め事業の舵取りを担ってきた平野勝也氏（東北大学）、多摩ニュータウンや千葉ニュータウンなど、土地の地形ならではの景観をプランニングする力を見込まれた宇野健一氏と、広場や道路、水辺の豊富なデザイン実績をもつ小野寺康氏だ。

　また本事業は、関係者の様々な意見を取り入れ、柔軟に計画をブラッシュアップするプロセスも評価されている。ハードのデザインだけでなく協議のプロセスにも焦点を当てて議論

土木学会デザイン賞20周年記念 Talk sessions
———
「土木発・デザイン実践の現場から」

第3回

まちづくりの戦略としての公共空間デザイン－女川町の実践

開催年月：2020 年 11 月 11 日

平野勝也氏

（現：東北大学災害科学国際
研究所 准教授）

（当時：女川町復興まちづくり
デザイン会議 委員長）

宇野健一氏

（現：㈲アトリエU都市・地域
空間計画室 代表取締役）

（当時：女川町復興まちづくり
デザイン会議 委員）

小野寺康氏

（現：㈲小野寺康都市設計事
務所 代表）

（当時：女川町復興まちづくり
デザイン会議 委員）

須田善明氏

（現：女川町長）

（当時：女川町復興まちづくり
デザイン会議 委員）

佐藤友希氏

（現：女川町建設課 技術主幹）

（当時：女川町復興推進課係長、
女川町復興まちづくりデザイン
会議 事務局）

を展開するため、地元を代表して女川町長の須田善明氏、女川町役場復興推進課で復興まち
づくりの渦中にいた佐藤友希氏の 2 名にも参加いただいた。

　復興の議論は、まさに行政・住民の本気がぶつかり合う現場だった。高さ 14.8 m に達し
た大津波により壊滅したまちを再生し、この地で暮らし、働き、遊び、笑い合う日々を取り
戻したいという地元の覚悟と使命感に支えられていたと思う。なお筆者は、官と民の間に立
つコーディネーターとして、住民・行政の意志を専門家に伝え、専門家の意図を住民・行政
に伝わる言葉へと翻訳し、協働・連携を強める役割を担っていた。

CASE 09 女川駅前シンボル空間

復興と生活を調和させた公民連携のデザイン

2019年度 最優秀賞

DATA
- 所在地 ：宮城県女川町
- 設計期間：2013年4月〜2015年3月
- 施工期間：2013年4月〜2016年12月
  （本地区に含まれる施設の最終竣工年月）
- 事業費 ：約28億円
- 事業概要：駅前広場・街路及び街区・地域開発（面積7.0 ha）、
  被災市街地復興土地区画整理事業【女川町中心部地区】、
  津波復興拠点整備事業【女川浜地区】

　宮城県女川町は、2011年3月11日に発生した東日本大震災により、まちの大半の機能を失った。震災後、2015年3月に供用が開始された女川駅の駅前シンボル空間は、JR女川駅駅前広場から海へとまっすぐ伸びる「レンガみち」を軸に、商業・業務、交流施設、周辺の店舗・事業所、町営駐車場から構成されるまちの復興事業のシンボル空間である。

「レンガみち」と沿道の建築物が絡み合って歩いて楽しいまちを形づくっている

　女川町の復興まちづくりのコンセプトは、「海を眺めて暮らすまち」。市街地を取り巻く周囲の豊かな自然と調和し、100 年先の人々にも選ばれる都市空間を目指した。このシンボル空間の骨格となる「レンガみち」は、海への眺望軸でもあり、沿道建物と相まってまちの新たな風景を創りだしている。

特徴　　・デザイン調整によって実現した建築、土木、ランドスケープの連続性

　　　　　・「海とともに生きる」地域の良さを活かすプラン

　　　　　・多彩な専門家の介在を活かすデザインワークの体制づくり

Q11 選ばれるまちになるための公共整備とは？

A-1 デザインを通じてまちの魅力を高める

　「どこからでも海を眺められるまち」が女川町の復興事業のコンセプトだ。まちの中心部を貫く長さ 180 m 幅員 15 m のレンガみちは、単に JR 女川駅と女川湾を結ぶ道路というだけではなく、海を眺められる眺望の軸であり、沿道の商店街と賑わいを共有する歩行者広場として計画された。特別なイベントを開催していなくとも多くの人々が訪れ、まちあるきを楽しんでいる。「震災前では考えられない光景であり、これなら、これからの時代に戦っていけると確信した」と須田善明町長は話す。

　女川湾は、全国に約 2,800 ある漁港のうち 100 余りしかない拠点的役割をもつ第三種漁港の一つである。「海は女川の財産」とは言いながら、海も水辺も漁業をはじめとした「仕事場」で占められていた。須田町長は震災以前から、産業の場でしかなかった海を町民や来訪者の日常につなぎたい、という問題意識をもっていたという。東日本大震災という外的要因を受けてまちを丸ごとつくり直すことに直面した時、この問題意識が海と暮らしを本当の意味で一つにする挑戦につながったといえる。

　「日本の都市において、人工の建築物がまちのシンボルになることは少ない」と平

図1　駅側から〈女川駅前シンボル空間〉と女川湾を望む（提供：女川町）

野勝也氏は言う。木造建築物が多く災害も頻発するため、古い時代の建築物が残りづらいことも要因だろう。このため、岩手山を望む盛岡のまちや、太田川を擁する広島のまちなど、日本のまちは自然物をシンボルとすることが多い。今回の復興まちづくりにおいても、新たに整備するまちと地域の海や山をどう関係づけるか、まちを再構築しつつも自然との関係をいかに取り持つかが大切だった（図1,2）。

A-2 このまちで生きていく覚悟をもつ地域住民とつくる

——女川は流されたのではない　新しい女川に生まれ変わるんだ
　人々は負けず待ち続ける　新しい女川に住む喜びを感じるために

　これは、東日本大震災があった 2011 年の春に、当時の小学 6 年生が書いた詩だ。この詩のとおり、女川町のまちは大きく姿を変えた。津波に対する住宅地の安全性を高めるため、住宅地は今回と同規模の津波でも浸水しない高台に移転している。このため、海辺の低地（JR 女川駅とその周辺の賑わいの拠点が立地するエリア）においては、居住機能を除いて市街地を計画・設計することが求められた。職住が混在する震災前の港町の姿とまったく異なる整備方針は、町民・行政で組織された復興計画策定委員会によって早い段階（2011 年 6 月）で決定されたものだ。

図2　レンガみちは、駅の背後に鎮座する黒森山の存在を気付かせる山アテのみちにもなっている

空間の計画・設計における鉄則は、その場所の履歴、つまり歴史的な経緯や文化的な蓄積を踏まえデザインすることだろう。大きく変わってしまった風景を見て、「新しくなった女川は楽しい」という声がある一方で、「女川ではなくなってしまったようだ」と批判する声もある。しかし女川町では、その場所に住み、働き、遊び、暮らすことを選択したひとたちの声も同様に大切だった。須田町長も、「これから生まれてくる世代は、2010年以前の女川のまちを体感することはできない。彼らにとっては今のこの姿がふるさとになる。まちは生き物であり、ここで暮らしていくひとたちがつくりあげていくもの。今つくっているまちも、将来世代にまで意識を向けて時代に応じて変わっていかなければならないし、変わることを恐れてはいけない。それは自分の中で腹を括った」と言う。町役場職員の立場で復興事業を推進してきた佐藤友希氏は、「特に高齢者のひとたちにこの空間は受け入れてもらえるのか不安があったが、できあがった今のまちを気持ち良さげに散歩する彼らの姿を見て安心した」と言う。

A-3〈「自分がここをつくった」と皆が思えるプロセス

　公共空間の整備が完了しても、それでまちづくりの目標が達成されるわけではない。できあがった公共空間は、人々の生き生きとした営みや祭りの風景が展開される舞台となってこそ、まちづくりとして効果を発揮するといえる。

　しかし、空間が完成してから「さあ、どうぞご自由に使ってください」と丸投げするお仕着せの整備では、地域の人々は公共空間を使いこなそうにも困惑してしまう。ともすれば、「もっとこうした方が良かったのに。なぜこんな使いにくい空間にしたのだろう」と、不満を持たれてしまうことにもなりうる。

　そんな不具合を避けるために、空間が完成する前の計画や設計の段階から、主体として活動する立場のひとや組織に、その空間検討に参加してもらうことが有効である。レンガみちと周辺の商業エリアでは、設計段階から町民と議論するプロセスを計画した。対話の相手は商業事業者や観光交流産業の担い手の代表20数名による女川町中心市街地商業エリア復興協議会である。2013年6月から、協議会が3回連続のワークショップを行った。「海とのつながり」をつくろうと専門家が構想した目抜き通りの幅員、舗装、照明、植栽、商業施設の配置において、事業者が使いやすい日常動線が確保されているか、来訪者が快適に過ごせる空間となっているか、季節ごとのイベント開催時もうまく空間を使いこなせそうか、思いや考えを共有している（図3）。「イベントの開催が多いので、テントを建てやすいとありがたい」「夜の雰囲

図3　レンガみちの模型を前に使い方を議論したワークショップ（2013年6月）

気を演出したい」「あまりに広すぎる幅員だと、そぞろ歩きの雰囲気が出ない」などの意見を踏まえて小野寺康氏がさらにブラッシュアップを重ねる。

　その後も設計案が具体化するごとに、ワークショップやデザイン会議などで町民の皆さんのアイデアを聞き、その意見を踏まえて設計案を修正するプロセスを繰り返した（図4）。行政・都市デザイナー主導のプロセスではなく、このエリアを今後マネジメントしていく民間事業者主導で計画を進めたともいえる。この空間で事業を営む人々が、自分ごととして深く関わってこそ、このエリアが育ち、将来像を描けるからだ。

　その場所で生きていく覚悟をもった人々の意見を、専門家は聞くべきである。佐藤氏によれば、女川駅前シンボル空間を歩くと「ここは、俺がつくったまちだ」という声を聞くという。女川町の産業界の人々がイベントや催事を開催する時、会場として真っ先に考えるのは他でもないこのシンボル空間になっている。

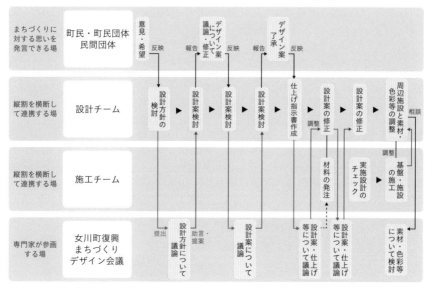

図4 人々の思いを形にするデザインプロセス

A-4〈 市民・行政・事業者・専門家が一つのチームに

　「女川町復興まちづくりデザイン会議」は東北大学の平野勝也准教授を委員長とし、須田町長、都市プランナーの宇野健一氏、空間デザイナーの小野寺氏が委員として座る。2013〜2021年に全44回の会議を開催した。町民やまちづくりに関わる民間の経営者や来訪者など、だれでも自由に聴講でき、意見があればその場で表明できる、オープンな議論の場だ。

　会議体の発足以前、現場は皆どこか漠然とした不安感を抱いていた。「あまりにも時間に追われて事業を進めているが、できあがったまちは本当に後世に引き継げるものだろうか」。役場で中心となって計画を進めていた復興推進課の職員が、ふと漏らした言葉である。本当に自分たちの選択に間違いはないのか。もっと女川の自然を活かし、地域社会が誇りと愛着をもてる発想があるのではないか。そんな心細さは、スピードが求められる復興計画の立案、まち全体の土木施設をデザインするという重責には付き物である。上記の言葉を聞いた筆者は、専門家の知見を取り入れ、行政職員の不安を解消すべきだと感じた。ちょうど、復興まちづくりに必要なひと・物・金・事業工程を定める事業化検討段階に移行したころのことだった。

　こうした不安は、空間デザインの専門家たちの参画で解消されていくことになる。お声がけした1人目は、地形を読み込み、造成設計に反映させる熟練の都市プランナーの宇野氏。1980年代に盛んだった〈多摩ニュータウン〉などの丘陵地造成計画を数多く手がけた実績をもつ。国土交通省都市局に相談したところ、地形を読み解ける専門家として紹介された。2人目は、日本有数の空間デザイナーで〈門司港レトロ〉をはじめとした水辺の都市デザインに実績をもつ小野寺氏。「観光交流エリア」に位置づけられ、海とまちをつなぐ空間デザインが求められていたことから、筆者がお声がけした。

　両氏は実績豊富な専門家であったが、地域が求める将来像と方向性が合っていなければ、プロジェクトは前に進まない。このため、須田町長や行政職員、まちづくりを担う若手経営者に向けて、両氏の空間計画に対する考え方を披露していただくプレゼンテーションの機会を設けた。結果、宇野氏、小野寺氏と女川町が目指す空間づくりは見事に方向性が一致していた。

　これを受けて発足したのが、前述の「女川町復興まちづくりデザイン会議」である。関係者のベクトルを合わせ整備する市街地を、後世へ胸を張って引き継ぐための議論をたたかわせる場とした。この「デザイン会議」は上述のメンバー以外にも、復興まちづくりに関わる役場関係各課、役場の代行者となって動いているUR都市機構、実施設計と施工を担当するコンストラクションマネージャー（CMr）、各所の設計業務の設計者が参加する。しかし、実務家だけでは力不足である。震災復興事業には住民との調整役が必須だからだ。そこで東北各地でそうした立場を務める平野氏に委員長を依頼した。あらゆる立場の人間が現状と課題を共有し、衆知を集めて議論する「場」に、役者が揃った。

　以降、「デザイン会議」と呼ばれる本会議全44回だけでなく、技術的な課題を専門的に議論する「シンボル空間検討部会」「高台検討部会」「川まちづくり検討部会」を開催し、140回以上の検討を重ねている。

A-5 〈 最安ではなく、最大の効果を生むデザインを

　どんな事業も、地域再生の好機と捉えて取り組むこと、つまり、コスト最安ではなく、地域のビジョンとそれを支える体制・財源・プロセスをいかに描けるかが、まちの命運を分けるといっても過言ではない。遠くない将来、人口減少社会ではあらゆる地域がまちの衰退を傍観するか、あるいはまちづくりに取り組むのかの岐路に立たされることになる。公共予算自体は縮小傾向ではあるが、ひとが住みつづける限り、地

域の再生を目的とする公共空間整備事業は、今後もなくなることはない。

　「人口1万人の小さなまちの技術職として役場で働いてきたが、復興まちづくりが始まるまでは景観に配慮した事業を実施する経験は、ほとんどなかった」と佐藤氏は述懐する。コストを最安とすることを旨とすべしと教えられてきたため、景観に配慮した事業経験は、道路の改修時に景観配慮型側溝を採用するかどうか、苦心しながら検討したくらいだったという。道路や下水道の改修事業は、施設の機能を整備することが目的だ。重視される判断基準は、コストを抑えてできるだけ多くの施設を整備すること。景観への配慮が入る余地は少ない。このような地域は日本全国にたくさんあるだろう。しかし賑わいや快適性、地域の歴史や文化を重視すべきまちづくりの場合、デザインにも一定の効果が求められる。

　さらに言えば、〈女川駅前シンボル空間〉の検討プロセスは、景観の最適解を見つけることだけが目的ではない。公共空間の整備をきっかけとして住民の想いをつなぎ、地域が生き残るために、自分ごととして使いこなす覚悟を呼び起こすことも、重要な目的である。女川町においてはどちらの点でも、期待した以上の効果が出ていると評価することができるだろう。人々が誇りと愛着をもてる高質な空間を整備することは、土木に関わるあらゆる関係者の責任である。

Q12 ▶ 専門家チームに求められる三つの力とは？

A-1〈 協働して可能性を模索する柔軟さ

　勝手な私見だが、専門家と呼ばれるひとには、二種類の人種がいると思う。まずは、自らの思い描く理想像を実現しようとするタイプ。その専門家自身のもつ理想像が地域の課題にぴたりと合致していれば、話が早く進むこともあるだろう。ただし、理想像に固執するため柔軟性がなく、求められていない地域にもあるべき姿を押し付けてしまう。そして、多くの地域ではこのタイプの専門家の扱いに困っている。もう一つは、様々な方法論に関心をもち可能性を模索するタイプ。地域の実情に合った解を導き出そうと、あらゆる方法論を当てはめ、柔軟に解を変化させていく。そのため、どんな解になるのかはだれも予想ができないし、そもそも正解は必ずしも一つではない。しかし、地域固有のアイデンティティを活かして理想的な解を導き出そうとする。

　専門家として、自分の領域に関する理想像や方法論をもっておくことは重要である。しかしそれだけでは力不足だろう。他の専門家の意見や、地域住民の声を受け止め、自分の案をさらにブラッシュアップすることができる柔軟性が求められる。

　女川町のプロジェクトでは、宇野氏が1/2500〜1/1000の縮尺で検討する都市空間全体のプランニング、小野寺氏が1/1000〜1/300の縮尺で検討するシンボル空間の設計を担当し、平野氏が両計画・設計の課題を指摘、案の良し悪しを判定する役割を担っていた。ベースの役割分担は明確だが、計画を具体化していく議論の過程は、むしろ積極的にお互いの役割の"領空侵犯"が行われた。その例の一つが、〈女川町海岸広場〉の設計の見直しである。

　小野寺氏による当初の広場設計案は、海辺の広場（海抜2.5 m）から国道398号の主要な交差点（海抜5.4〜7.0 m）までの高低差を、バリアフリーの歩行動線（勾配5%）でつなぐことを重視していた。これは、数十年に一度の頻度で高さ4.4 mの津波に襲われることが予測されているこの地域において、避難する方向を直感的に把握できることを大切にしたい、という設計者としての思想を反映したものであった。しかし3〜5 mの高低差をもつ緩やかな地形に対して、勾配5%の歩行者動線を最短の避難経路となるよう直線的に挿入したデザインとなっており、ともすれば、構造物を用いて無理したように見えるものとなっていた（図5）。

　筆者は、コーディネーターとして、宇野氏であればどのように地形を処理するか、

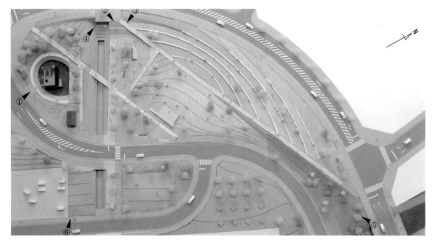

図5　2016年時点の女川町海岸広場の模型。図中右下から左上に直線状に計画された園路（勾配5%の避難路）
　　　が空間を支配していた

図6　2018年に園路の形状を見直した模型写真。3〜5 mの高低差がある傾斜地を円弧を描く園路がつなぐ
　　　ようになり、空間が伸びやかになった

意見を求めた。地形を柔らかく処理する計画を得意とする宇野氏はほどなく、3〜5mの高低差をもつ地形に対して緩やかな円弧を描きながら高低差をつなぐ歩行動線を編み出した。加えて無駄な構造物を必要としなくなるメリットもあった。筆者も、デザイン会議委員長である平野氏も、無理のない地形処理の解決策を見て納得した。小野寺氏は、この宇野氏の案に素直に脱帽し、宇野氏の考え方に触発されて新しい設計案を編み出した。それが、現在の海岸広場である（図6）。限りある検討期間のなかでも、専門家同士の計画論・設計論の共創によって実現した密度の高い議論であった。

A-2〈 地域の想いや願いを形にする統合力

　地域に暮らしつづける覚悟をもった住民の願いを託されるこの仕事に取り組むうえで、専門家にはどのような技量が求められるだろうか。

　デザインとは、空間を構成する要素を統合する行為である。できあがった空間がどのように人々の行為を誘発するか、人々の目にどう映るかを念頭におきながら、それがその地域の人々のビジョンと合致するよう形を決めていく。優れたデザイナーやエンジニアは、各要素を統合するこの能力が高い。

　この力を磨くためには、人々が気持ちよく過ごしている空間を観察すること、公共空間は人のためにどうあるべきかを考えることが出発点となる。空間の中での人々の過ごし方を分析した蓄積がデザインの源になる。

　公共空間を整備する仕事には必ず、タイムリミットがある。時には行き詰り、この辺りで妥協しようよ、という空気がチーム内に流れることもある。しかし、優れたデザイナーやエンジニアとして評価を受けているひとは、ここで妥協することはない。図面や模型を何度もつくり直し、今の条件のなかでベストを探り、発想を切り替えて、形を導き出していく。

　〈女川駅前シンボル空間〉のデザインに関わる土木技術者たちは、地域の声を設計に取り入れる際、山に囲まれ海とつながるまちの将来像の立案を託された。

　理想を語るのは簡単だが、整備水準を高くするとそれを実現するための整備財源が必要となる。このシンボル空間の整備費の財源を確保することは、女川町役場の職員である佐藤氏の役割であった。佐藤氏は、この地で生きていく覚悟をもった住民の思いをつなぎ、復興後にこの場所を使い倒すためのデザインという考え方、被災者をつなぎ留め、人口減少社会のなかで生き抜くためのデザインについて、熱意をもって関係各所を説いてまわった。復興事業の財源を調整する国土交通省と復興庁にもその思

いが伝わり、シンボル空間の整備に高質空間整備事業の財源を活用することが可能となった。結果、年に数十回の大小様々なイベントが開催され、住民にとっての居場所となるシンボル空間ができあがっている。地域の人々の声が、現実の公共空間の整備に取り入れられる成功体験は、その後の公民連携のまちづくりを進めるうえでも、費用以上に、公民の信頼関係を増したという効果として表れている。

A-3 〈 前提条件を問い直すマススケールの調整力

　良い空間をつくるためには、時には前提条件を変えることも必要となる。与えられた計画対象範囲だけでなく、さらに広い範囲までを視野に入れて、空間全体を捉えなおすことで、解決策が出てくることがある。空間の設計に入る前のプランニングの段階でも、このような見直しを行うことが必要である。

　女川町の地域住民が参加するワークショップで議論した時に導き出された将来像は、歩行者専用道路であるレンガみちを中心に、子どもたちが安心して走り回れるまちの中心部にしたい、というものであった。一方で、女川駅前シンボル空間が賑わい拠点としての役割を果たすためには、交通アクセスが整っている必要がある。女川町のような地方都市において決定的に重要なのが、自動車のアクセスだ。

　2012年末の基本設計の段階での幹線道路網は、女川駅前シンボル空間に直接接続されておらず、迂回していた。この問題点に対して、平野氏は「交通網がまちの形を決めてしまう」ことを説き、都市計画決定を変更してでも、幹線道路と女川駅前シンボル空間を接続した方が良いと主張した。宇野氏は、その考えに基づき、地形に沿った幹線道路の線形の見直し案を幾案も検討した。その見直し案と当初案を比較すると、見直し案の方が賑わい拠点への交通アクセスが優れていることはだれの目にも自明であり、道路設計と都市計画決定の作業を担う建設コンサルタントも、その基本方針に沿って幹線道路網を見直すことになった。

　これを可能にしたのは、チームの中にいた、事業進捗を精緻に把握できるマネジメント担当の存在だ。リミットを見極めてぎりぎりまで粘り、間に合わせることができる範囲は、妥協せずに計画の見直しを進めていった。

A-4 〈 職能を超えたコラボレーションを諦めない

　公共空間のデザイン業務は、計画・設計・施工・管理運営の4段階に分かれてお

り、その段階ごとに複数の立場の関係者が関わる。一方公共空間は、道路、広場、公園、海岸・港、河川・水路といった施設と、民間の建築物とが集合して成り立っている。しかし公共空間で過ごす市民にとっては、その境目は関係ない。このため、近年の公共空間の整備事業では、つくる側、使う側、設計する側、管理する側といった、様々な立場の人々が対話しながら推進するプロジェクトが増えている。このようなプロジェクトでは、複数の立場の間に入って、それぞれの立場が大切にしている思いや制約条件を理解しながら、互いの言語を翻訳し、プロジェクトを良い方向へと舵取りしていく調整役（コーディネーター）の重要性が増している。

　筆者が女川町の復興まちづくりにおいて果たした調整役としての経験を踏まえると、多数の関係者が一つの目標に向かって協働するために必要な要件は以下のとおりと考える。

・大きな目標を再確認し、個々の主体の目標とまちづくりの目標を接続
・衆知を集め議論するための「場」の整備
・まちづくりに関する対話・意向の整理集約と各所への伝達
・関係者間に介入し、それぞれが考えていることを翻訳
・まちづくりの段階ごとに必要なひと・情報・財源の調達

　これらの要件は、計画・設計に取り組む前段階、すなわち枠組みづくりの段階で取り組むべきことを指している。公共空間整備の専門家、行政、その公共空間の未来の利用者である地域住民や民間企業を集めても、集合知は自動生成されるわけではない。参加者の構成や議論のプロセス、個々の場のプログラム、そのすべてをデザインする必要がある。

　筆者はコーディネーターとして、行政や町長、民間各所のキーパーソンとの対話を通じ、その時々の課題を把握し、それを各所に伝達する役割を果たすとともに、都市プランナー、都市デザイナーといった専門家の案が、それらの地域の声を十分に反映できているかを判定し、不足していると感じれば、その不足点を専門家に伝え、改善策を共に考えた。これは、行政職員の技術的な代理人としての役割でもあったと考えている。

Q13 ひととひとをつなぐ空間デザインって？

A-1 デザインはコミュニケーションツール

　都市デザイナーの小野寺氏は当初、公共空間のデザインでまちを復興させるなど可能なのかと、自問しながら女川町に赴いたという。しかし完成後、「様々な関係者が空間をどう使いたいと考えているのか、以前はどのように使っていたのか、対面で会話しながら形をつくりあげる経験ができた」と振り返っている。ここでいう"会話"には、スケッチや模型が欠かせない。最初の議論は 2012 年 12 月。造成と道路の基本設計が完了間近という時期であった。つまり駅の位置も駅前広場の面積も変更の余地がある。このタイミングで、宇野氏、小野寺氏、復興推進課職員、町長が、駅前とシンボル空間のデザイン検討のため、役場会議室に集まった。

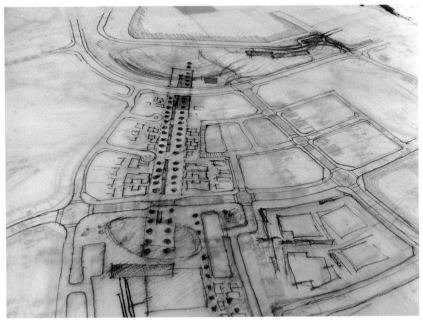

図7　2012 年 12 月に議論しながら描かれたコンセプトスケッチ。駅から海に向かって下っていくシンボル軸のまわりにまちを形成するイメージが形づくられた

この会議では平面スケッチを広げながら、復興のシンボルとなる空間はいかなるものか、収束ではなく発散型で、可能性を探る議論が行われた。建設コンサルタントが設定した道路網図の上に、宇野氏と小野寺氏が大きなトレーシングペーパーを拡げ、線を重ねていった（図7）。小野寺氏が駅と女川湾をつなぐ軸線、駅前の広場を描きこむとそれを受けて宇野氏が地形を活かして1mピッチの等高線をすらすらと描きこんでいった。共に様々なアイデアを描きこんでいく様子は、まるでJAZZのセッションのようだった。

　できあがったシンボル空間の骨格図は、筆者ら建設コンサルタントがつくった道路網図よりはるかに都市活動を想起させ、海とまちをつなぐ力強いコンセプトを表現していた。この図がシンボル空間検討の発端となり、実施案が生まれている。その後のまちづくりにおいても、多くの人々が共有するコンセプト図となった。

　スケッチや模型で表現されるデザインは、「まちの将来をこうしたい」「このようなイベントを行いたい」という抽象的な構想を、空間に落とし込むためのコミュニケーションツールである（図8）。

図8　デザイン会議での模型を用いた議論。空間のひろがりや施設間のつながりを直感的に理解しやすい

A-2 〈 関係者一人ひとりがイメージを共有する

　上手くいっていない事業は、全員のイメージ共有ができていない。同じ方を向いているようでずれていることがある。

　事前の共通理解は、どんなまちづくりでも、前に進めていくうえで常に意識しておくべきことだ。後から指摘・要望を受けて事業が手戻りや停滞することを避けるためには、必要な関係者の意見をあらかじめ取り入れること。そのうえで事業に取り組んでいけば、関係者の理解・納得も得られやすい。このための意見を取り入れるルートは複数あったほうが良い。多様な回路を設けておくのは、イメージ共有のために重要である。

　まず出発点となるのは、町民一人ひとりの想いである。行政が、彼らの思いを実現すべく後方支援する。しかしそれぞれの思い描く暮らしを現実のものとして実現するためには、知恵と技術が必要である。これらを担うのが都市プランナーの宇野氏、空間デザイナーの小野寺氏であり、両者の力を引き出すディレクターが平野氏だった。町民との対話を重視する町長、このまちに暮らしつづける覚悟をもった多くの事業者、コーディネーターとして筆者が現地に入りこみ集めた地域の声。どんな言葉も真摯に受け止め、まちの将来を話し合いながら、形をつくっていった。

　そして、行政・民間・専門家が一堂に会する場として、復興まちづくりデザイン会議があった。全体像を議論するとともに、何をどうつくるのか、具体的なデザインや業務に落とし込む。設計が進めば、それを実現すべく行政が動く。デザイン会議の存在が、行政・民間・専門家それぞれの立場で、同じ問題意識と将来像を共有する装置となっていた。

A-3 〈 自分ごとのプロセスがつくる生き生きとした場

　女川駅から女川湾へと伸びるレンガみちの軸線は、元旦に日の出が昇る方向を向くように設計していた。レンガみちが竣工して初めての元旦の日。2016年1月1日午前6時51分、レンガみちの真ん中から、初日の出が昇った時、女川駅3階にある展望デッキに集まった人々から拍手と歓声が自然に湧きおこった（図9）。これも、女川町のまちづくりの議論を重ねてきた女川町復興まちづくりデザイン会議の成果である。

　須田町長は、デザイン会議の場や、町民説明会、役場職員向け訓示など、様々な場面でどのような風景をつくろうとしているのかを語ってきた。それは、「町民や来訪

図9　レンガみちの先に昇る初日の出

者が自分自身で楽しみを生み出せる空間をつくる」ということであった。今回の復興
まちづくりによって、新しい景観を創り出し、訪れる人々やこの地に住む町民が、思
い思いに過ごし、自分自身で楽しみを見つけることができる空間を生み出すことがで
きた。

　レンガみちは海に向かって、約3%の勾配で緩やかに下っている。レンガみちに立
つと女川湾の海のきらめきが見える。その日の空と海の具合で、毎日、海の眺めは変
わる。レンガみちには海への眺めを楽しむ人々がぶらぶら歩き、写真を撮り、三陸の
海の幸に舌鼓を打っている様子が見られる。レンガみちだけでなく、周辺の商店へつ
ながる脇道や中庭にも、ベンチや芝生があり、飲み物を手にくつろいでいる人々がい
る。レンガみちを海の方まで下ると、海岸沿いに広がる〈女川町海岸広場〉が完成し
ており、海の生き物を模した遊具群で子どもたちが走り回る〈マッシュパーク〉、津
波の威力と復興にかける人々の努力を今に伝える〈東日本大震災遺構 旧女川交番〉。
ほかにも、若者や小さな子どもが無心に遊ぶスケートボードパーク、海を眺めながら
足を休めることができるベンチやプロムナードがある。

　5月の昼下がり、海を背景に、プロムナードでストリートダンスのレッスンが行わ
れている光景を目にした。自分の居場所をそれぞれ見つけ、互いの気配を感じなが
ら、思い思いに過ごす風景が生まれている。

水辺空間デザインによる
都市再生

二井昭佳

国士舘大学理工学部まちづくり学系 教授

　私たちは、道や橋、川や港といった言葉を当たり前のように使い分けている。設計対象と
もなれば、参照する基準が違うし、それぞれ高度な技術が求められるから、管理者も設計者
も異なるのが普通である。 しかし使い手目線から見ると、それらの境界はずいぶんとあやふ
やだ。好きなまちを思い浮かべてみて欲しい。魅力的なまちほど、川や港、道や広場はひと
つながりの空間になっているのではないだろうか。

　つまり私たちの扱う土木とは、それぞれが独立していない点に大きな特徴があって、それ
によって空間がつながり、人々が生き生きと活動できる場を生み出すことができているとも
いえるだろう。

　だとすれば、土木の設計において、対象をほかとは切り離されたものと捉えるのはずいぶ
んもったいない話だ。対象から引きをとって 、まちの目線から眺める。常識にとらわれずに
機能を発想する。歴史を継承し未来を見据える。設計対象を広い視野で捉えることで、まち
の魅力を高める土木デザインを実現できるのではないだろうか。

　こうした問題意識のもと、都市づくりの視点から川を捉え、川とまちの境、かわまち空間
をデザインすることで多面的な価値と高い波及効果を創出している太田川基町護岸と津和野
川景観整備を取り上げ、その秘密を探りたいと考えた。

土木学会デザイン賞20周年記念 Talk sessions

「土木発・デザイン実践の現場から」

第5回

かわまち空間による都市再生に向けて

開催年月：2020年12月16日

中村良夫氏
（現：東京工業大学 名誉
教授）

岡田一天氏
（現：景観計画工房 代表）

小野寺康氏
（現：小野寺康都市設
計事務所 代表）

北村眞一氏
（現：山梨大学 名誉教授）

田中尚人氏
（現：熊本大学 准教授）

　トークセッションでは、景観工学の生みの親で太田川基町護岸の設計監修をつとめた中村良夫先生、中村研出身で津和野川景観整備など、川とまちの関係を追求している岡田一天氏、中村研時代に基町護岸に続く元安川のテラス群の検討を担当し、日本を代表する公共空間の設計者である小野寺康氏である。またリモートにて、当時中村研博士課程で、後に助手として太田川調査や基町護岸の設計を担当した北村眞一氏、京都大学で中村先生に師事し太田川の市民活動を支援してきた田中尚人氏の5名をお招きし、まちづくりとして川づくりを考えることの意味、まちの舞台をつくるデザインのあり方、市民が使いこなす水辺に必要なことに加え、空間デザインに欠かせない姿勢について議論を深めた。

　ちなみに筆者も中村先生の講義を受け景観工学を志した1人であり、当日はかつての学生たちが先生を囲み、質問を投げかけ、その話に耳を傾けるという、ゼミのような雰囲気で進められた。

CASE 10

太田川基町護岸

水の都ひろしまの顔となるデザイン

2003年度特別賞

DATA

- 所在地：広島県広島市中区基町
- 設計期間：1977 年〜 1982 年
- 施工期間：1979 年〜 1983 年
- 事業費　：—
- 事業概要：河川整備（延長 880 m）※基町護岸のみ
- 事業範囲：基町護岸（堤防高 5 m（H.W.L4.4 m ＋余裕高 0.6 m））、元安川河岸テラス 1 号（1986 年竣工）、元安川河岸テラス 2 号（1985 年竣工）、元安川河岸テラス 3 号（1987 年竣工）、元安橋橋詰テラス（1991 年竣工）、元安川親水テラス（1996 年竣工）
- 事業主　：建設省中国地方建設局太田川工事事務所（現 国土交通省中国地方整備局太田川河川事務所）
- 設計者　：基本設計／中村良夫＋東京工業大学中村研究室
実施設計／中村良夫＋東京工業大学中村研究室、
広島建設コンサルタント㈱（現 ㈱ヒロコン）

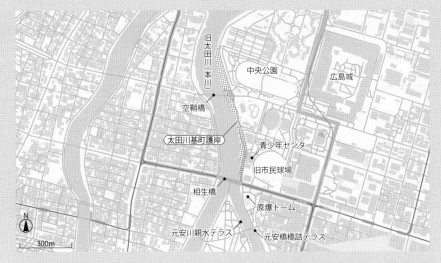

　広島市の都心部は、太田川とその派川である六つの川が瀬戸内海へ流入する三角州に立地する。このうち旧太田川（本川）の左岸、基町地区の約 900 m の区間が、太田川基町護岸である。広島市中心部の川沿いには、戦災復興の推進のために制定された広島平和記念都市建設法により、河岸緑地が 1952 年に都市計画決定されていた。その後、1969 年に伊勢湾台風並みの高潮に対応できる堤防を整備することを機に、広島のシンボルとなる、市民が水と親しむことができる水辺空間を検討することとなった。そこで、建設省太田川工事事務所（当時）は、東京工業大学社会工学科助教授だった中村良夫氏に景観調査を依頼した。1976 年に中村研究室による太田川の市民意識調査や景観調査が開始され、構想図としてまとめられた後、引き続き中村研究室により基本設計・実施設計がまとめられた。当時、標準断面を一律に延長する河川整備が当たり前だった時代に、都市デザインの観点から、まちと川を一体化する河川デザインが行われた戦後初の事例である。その後、下流の元安川などへと整備は展開し、水の都ひろしまの実現に大きく寄与している。現在も都市河川デザインのお手本とされる質の高さが評価され、2003 年に土木学会デザイン賞特別賞を受賞している。

特徴　　・標準断面を一律に延長する単調な河川整備が進められていた時代に、川とまちの一体的な空間の創出により、都市デザインとしての河川デザインを実現した戦後初の事例
　　　　　　・中央公園を川に引き込む空鞘橋の上流区間や、平和記念資料館と原爆ドームの都市軸を受け止める相生橋下流区間など、まち側（堤内地）と呼応した河川デザイン

CASE
11

津和野川河川景観整備

回遊性を高める連句的デザイン

2002年度 優秀賞

DATA

- 所在地　　：島根県鹿足郡津和野町
- 設計期間：1989 年〜 1996 年
- 施工期間：1989 年〜 1996 年
- 事業費　　：—
- 事業概要：河川整備（延長 2.94 km）
  　　　　　広場整備（3 カ所）
- 事業範囲：[護岸] 右岸 / 自然石積護岸（3 分勾配、深目地仕上げ）
  　　　　　左岸 / 水辺テラス付緩、勾配芝斜科面（2 割から 7 割勾配）
  　　　　　[パラペット] 側面石州瓦小端積み、天端笠石据付自然石積
  　　　　　[広場] 橋詰広場、河畔の桜の広場、太鼓谷稲荷前ポケット広場
  　　　　　[落差工] 湾曲平面型 2 段落差工（全落差高 H = 2.3 m）
- 事業者　　：島根県津和野土木事務所（現 島根県津和野土木事業所）
- 設計者　　：基本設計／㈱プランニングネットワーク
  　　　　　実施設計／㈱大建コンサルタント、㈱プランニングネットワーク
  　　　　　設計指導：篠原修（東京大学名誉教授）
- 施工者　　：栗栖組

　山陰の小京都と呼ばれる津和野町の中心を流れる、津和野川約 3km の河川整備事業。沿川のまちづくりと一体となった河川整備を目指す「ふるさとの川整備事業」の初期事例である。1989 年に事業認可を受けた島根県は、翌年より一部区間の工事に着手したが、住民から津和野に相応しくないと批判を受け、計画の見直しを決断する。デザイン統括を依頼された篠原修先生（当時：東京大学教授）と、河川景観デザインの専門家である㈱プランニングネットワークの岡田一天氏らが、都市デザインの観点から、川とまちの一体的なデザインを実施した。観光の中心である殿町通りの動線を川に引き込む広場と大階段、まちの施設である養老館（旧津和野藩校）を河川空間に取り込む緩やかな堤防法面、津和野大橋上流にある屈曲部内側の護岸の前出しによる堤内地での広場空間の確保など、現在も色褪せない都市デザインとしての河川デザインが行われており、2003 年に土木学会デザイン賞優秀賞を受賞している。

特徴

- ・まちの裏側になっていた津和野川を再びまちと一体化させることで、まちなかの回遊性を高めるとともに、居場所となる滞留空間を創出
- ・殿町通りの動線を川に引き込む広場と大階段や、まちの施設である養老館（旧津和野藩校）を河川空間に取り込む緩やかな堤防法面など、まち側（堤内地）と呼応した河川デザイン

まちづくりとして川づくりを考えるには？

A-1 都市の原型を知る：水との関係こそ、まちの原点

そもそも、なぜ川づくりをまちづくりとして考えることが大切なのだろう。その答えは、都市の成り立ちを遡ることで見えてくる。というのは、交易に必要な水運の確保や、敵の侵入を阻む水の存在が、都市の立地選定の重要な条件の一つだったからである。つまり、都市のなかをたまたま川が流れているのではなく、川のほとりに都市が開けたのであって、川との関係こそ、まちの原点と捉えることが大切なのだ。

そうした都市のかわまち空間は、船が行き交い、船乗りや商人たちで賑わう河岸場であり、景色を眺め、飲食を楽しむ交流の場であり、花火が上がり、神輿が渡御する祭礼の場というように、都市に暮らす人々の様々な活動が織りなす、まさに人間が主役の場所であった。

しかし近代になり、水運の衰退とともに、治水強化の堤防がつくられたことで、川と都市のつながりは切れていく。それと同時に、都市の水辺を彩っていた豊かな活動の風景も失われてしまった。

図1　まちの舞台として理想的なかわまち空間、船着場とカフェのある元安橋橋詰のテラス

　まちづくりとして川づくりを考えることは、都市の水辺をふたたび人間が主役のかわまち空間へと戻すことである。つまり、現代のライフスタイルに合わせたまちの舞台をつくり、人々の様々な活動を誘い出す必要がある（図1）。そのためにはどのような視点が必要なのだろうか。

A-2 〈 "縁" が都市の魅力を高める

　「日本の都市の魅力は"縁"にある」と中村先生は指摘する。

　ここには二つの重要な点がある。一つは、川を"都市と自然の縁"として捉え、都市デザインの観点から川のデザインを発想することの大切さだ。

　川に限らず、空間や構造物を計画・設計する際に、対象をどのくらいの引きで捉えるかによって、その成果は大きく変わるだろう。例えば、基本高水や河道特性といった条件があれば、川自体の計画・設計は可能だ。しかし川だけを見ていては、都市との関係は生まれない。川から引きをとり、都市の目線で川を捉えることではじめて、川の設計に都市の条件を付け加えることができる。その時、都市の魅力を高める"縁"としての、かわまち空間のデザインが可能になる。そのためには、計画・設計対象を、まずはひとまわり大きな地図で眺め、周辺との関係から捉えるのが大切とい

図2　金沢市の武家屋敷跡 野村家にみる内と外が渾然一体となった "縁" のデザイン（提供：山田圭二郎氏）

えるだろう。

　もう一つが、"縁"を空間の境界として明確に区切らず、むしろ互いに滲み出し、渾然一体となるようデザインすることの大切さである。その好例として中村先生が挙げたのは、金沢市の武家屋敷跡 野村家だ（図2）。写真を見ると、建物の庇は池にかかるよう大きく張り出しているのに対し、池は縁側の下に潜り込んでいて、建物と庭は互いに入れ子の関係になっている。庇の束柱は池の庭石から立ち上がり、縁側の踏み石は池の飛び石を兼ねているというように、境にある要素を、建物と庭のどちらにも属すようにデザインすることで、その境界が巧みにぼかされている。こうした工夫により、視線の動きとともに、庭と建物の境自体が揺らぐ効果を生んでいる。内と外が交じり合う"縁"をいくつも設けることで、両者が渾然一体となる空間を生み出すことができるということだろう。

　それでは、こうした"縁"が、太田川や津和野川のかわまち空間でどのようにデザインされているのかを見ていこう。

A-3 〈 まちの空間を川に引き込む

　まずは太田川基町護岸の最上流部、空鞘橋の上流区間を見てみよう。ここでは、まち側（堤内地側）の中央公園を川に引き込むように、緩やかな斜面の芝生空間の高水敷がデザインされている（図3）。ポプラのある高水敷はピクニックやイベントに使われる市民の憩いの場所で、太田川と寺町の家並みの向こうに己斐の山並みという、ふるさとの風景をゆったり眺めることができる。北村氏によれば、設計当時、川と公園がそのままつながるように、川と公園の境にある道路をなくす交渉をしたが叶わなかったという。まさにかわまち空間の"縁"であり、今からでも実現してほしいアイディアだ（図4）。

　ちなみに設計時に苦労して残したポプラの木は、水辺のシンボルとして市民に愛され、2004年9月の台風で倒れたものの、官民協働により復活し、現在は市民団体「ポップラ・ペアレンツ・クラブ」により3代目が立派に育てられている。

図3　中央公園を川まで引き込む空鞘橋の上流区間（写真右奥が中央公園）

中央公園　道路　太田川

道路をなくし、水辺と公園の一体化を提案

|市管理| | |国管理|
|中央公園|道路|管理用通路|高水敷|

太田川

25m

図4　堤防脇の道路をなくし中央公園と川を一体化することを構想していた

A-4 〉将来の滞留空間を埋め込む

　その下流の空鞘橋から相生橋の区間は、まち側にプールや科学館、青少年センターといった施設があり、その奥には旧・広島球場（2023年に市民公園として開業予定）が立地している。そのため、まちのスケールに合うように、石積護岸のテラスと芝生斜面の堤防を交互に配置することで、河川敷を分節し、まちとの一体感が生まれるように工夫している（図5）。

　川では、定めた断面形状（定規断面）をそのまま通していくのが一般的で、伸びやかな風景が広がる場所ではまだ良いが、都市の川では単調な風景になりやすい。まち側に合わせて堤防の形を変化させていくのは、かわまち空間の重要なデザインポイントである。

　ちなみに岡田氏によれば、空鞘橋脇の石積護岸のテラス（図6）のみ、堤防と同じ高さとなっており、将来カフェなどの施設が立地できるよう、洪水の影響を受けない高さにしたという。中村先生の当時のスケッチを見ると、たしかにレストラン・カフェと書き込まれている。当時は河川敷地の商業利用が想定されていなかった時代であり、その先見の明に驚かされる。また低水護岸の水制工（川の流水方向を調整する装置）は川に張り出しているうえに水位によって見えがかりが変化する小さな"縁"に

図5　まちのスケールに合わせて空間を分節した空鞘橋から相生橋の区間

もなり、先端に行ってみたくなる役割も果たしている（図7）。

　こうした工夫によって、かわまち空間のなかに、堤防や石積護岸のテラス、低水護岸や水際の水制工というように複数の居場所が埋め込まれており、それぞれの場所のアクティビティを互いに眺め合う関係が生み出されている。

図6　将来カフェやレストランの立地を見越して設けられた堤防と同じ高さのテラス（左奥）（提供：岡田一天氏）

図7　水位によって見えがかりが変化する小さな"縁"が先端に人を引き寄せる水制工

図8 原爆ドームを受け止めるかわまち空間のデザイン、平和都市・広島を象徴する風景（写真右側が80ｍ
　　の親水テラス）

図9 殿町通りを引き込む大きな階段テラスと、養老館の敷地と一体化した堤防法面

A-5 〉都市軸を受け止め、場をつくる

　さらに下流の相生橋から元安橋は、基町護岸の整備後に実施された元安川<ruby>元安<rt>もとやす</rt></ruby>の区間である。〈平和記念資料館〉から〈原爆ドーム〉に伸びる都市の軸線が川と交わる場所で、8月6日には「とうろう流し」が行われる祈りの場である。そのため都市軸を受け止め、平和都市の姿が浮かびあがることを意図したデザインがなされている。写真を見るとわかるように、右岸側の長さ80mの親水テラスと、原爆ドームの前の河岸テラスとバルコニーが川を挟んで向かい合い、原爆ドームを受け止めるように収まっており、平和都市・広島を象徴する風景を形成している（図8）。

A-6 〉堤内地と堤外地の境をぼかす

　こうした、まちの空間を川に引き込むデザインは、津和野川でさらに一歩進んだ形で実現している。津和野は山陰の小京都と称される美しいまちだが、萩<ruby>萩<rt>はぎ</rt></ruby>とセットの観光地となっている。そのため観光客の多くは、武家屋敷が並ぶ殿町通りを歩くと、そのまま萩に移動してしまう状況で、来訪者数の割には、まちに恩恵がもたらされない悩みを抱えていた。そうした状況を変え、まちに回遊性をもたらし、滞留空間を生み出すことを目指して取り組まれたのが〈津和野川景観整備〉である。

　その拠点となる津和野大橋下流左岸は、殿町<ruby>殿町<rt>とのまち</rt></ruby>通りの延長上に、広場空間と大きな階段テラスを設けることで、人の流れを川に引き込む工夫がなされている（図9）。とくに注目すべき点は、津和野藩の藩校であった〈養老館<ruby>養老館<rt>ようろうかん</rt></ruby>〉と川の一体的な空間である。これは、デザインアドバイザーの篠原修先生が発案し、岡田氏がデザインしたものである。町有地である〈養老館〉の敷地を削り（図10,11）、河川堤防の法面とすることで、限られた敷地でありながら緩やかな勾配のスロープを生み出し、まちと川が一体となる、かわまち空間を実現している（図12）。

　日本では、土地の境界で空間も分離されることが多く、互いの"縁"が切れてしまいがちである。実現にはそれなりのハードルがあるが、管理者の異なる隣接敷地を一体的に整備することで得られる効果は大きい。互いの敷地の価値を高め合う"縁"のデザインのお手本といえよう。

　なお、岡田氏によれば、図13のテラスは、中村先生の太田川のアイディアを真似して、桜の下での野点の場になればと考え、しつらえたものだという（図13）。

図10 養老館の前庭のような堤防法面、斜面のなかほどに、もともとの河川区域と町有地の境があった

図11 整備前の様子、川とまちが断絶していることが見てとれる（提供：岡田一天氏）

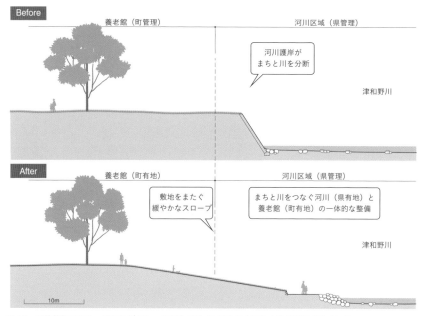

図 12　整備前後の違い、境界をぼかし一体的にデザインすることで全く違う空間が生まれる

図 13　太田川のアイディアを参考にしつらえた堤防と同じ高さのテラス（提供：岡田一天氏）

A-7 〈 川を取り込み、まちの骨格を編む

　ここまで見てきたように、太田川や津和野川では、まち側の特徴を読み解き、その特徴に合わせて、まちと川が渾然一体となる“縁”のデザインが実現されていた。そうした“縁”のデザインは、まちにどのような効果をもたらすのだろうか。

　その前に、章冒頭で述べた土木空間や構造物の特徴についてもう一度考えてみたい。街路を例にあげると、どんなに素敵な舗装デザインが施されていても、沿道の建物がシャッターだらけであれば、その街路を寂れた場所だと感じるだろう。つまり街路の印象は、沿道の街並みと道の両方でつくられていて、道だけで完結することはない。街路に限らず、土木空間や構造物は、この「自己完結性の低さ」が特徴なのだ。

　私たちは、つい直接デザインできる範囲で頑張ろうとしてしまいがちであるが、土木デザインでは、周りを活かすことによって、自分も活きるという共助的な意識をもつことが大切なのではないだろうか。“縁”のデザインは、まちと川の間で、両者を活かし、かわまち空間自らも輝きを放つ、土木の特質を活かしたデザインだといえるだろう。

　そして、この土木の自己完結性の低さは、まちづくりにおいて大きな効力を発揮する。つまり、うまくデザインすると周辺に大きな波及効果を生むことができるからだ。とくに、川や道は線状に伸びる空間であり、それに沿って面的に波及効果を広げることで、しっかりとした、まちの骨格をつくることができる。

　太田川では、中村研が手がけた基町護岸（空鞘橋上流〜相生橋）の整備後も、元安川下流の原爆ドームや元安橋下流区間、さらに下流の羽衣地区や河原地区に加え、京橋川や本川へと整備が継続的に実施され、水の都ひろしまにふさわしい、川によるまちの骨格がつくられている。津和野でも、河川整備によって生まれた面的な回遊性が、その後の本町・祇園丁通り（土木学会デザイン賞 2009 年最優秀賞）へと展開し（図 14）、川と道の両輪によるまちの骨格が、中心部全体の回遊性を生み出しており、まちづくりとしての川づくりを実現しているといえるだろう。

図 14　河川整備による回遊性が、〈本町・祇園丁通り〉土木学会デザイン賞 2009 年最優秀賞に展開

Q15 水辺にまちの舞台をつくるには？

A-1 〉 水辺は日本における都市の広場

　日本には、ヨーロッパのように空間として確立された広場は存在しなかったが、その代わり、道や水辺、社寺の境内や井戸端といったあらゆるオープンスペースが、人々の活動によって広場化するというのが定説である。つまり、オープンスペースを確保するだけではダメで、それが広場として機能するためには、人々の活動を誘発するようなデザインが必要だということだ。

　近年、行動を起こすデザインとして、すぐに実施でき、費用も安く、効果が目に見えやすいアクティビティに主眼をおいた仮設的な取り組みが注目されている。ひとの活動を中心に据える戦略は、たしかに空間デザインの本質をついている。ただ、それを推奨するタクティカル・アーバニズムが謳うように、小さなアクションは長期的な変化につなげるための短期的なプロジェクトに位置づけられている。つまり、小さなアクションによって生まれた活動が、日常のこととして定着するには、それをしっかりと支える、まちの舞台も必要だということだろう。まちの舞台づくりは、まさに土木デザインの重要な役割である。

　水辺は、河岸場や盛り場、あるいは祭礼の場として長い広場化の歴史をもつ場所であり、まちの舞台としてのポテンシャルが高い。まちの舞台を生み出すデザインという視点から、二つのプロジェクトをあらためて眺めてみよう。

A-2 〉 先人たちの都市の使いこなしに学ぶ

　空間を計画・設計する際には、まず地域の歴史を調べることが大切だと教えられたひとは多いだろう。なぜ未来の空間をつくるのに、過去を振り返る必要があるのだろうか。それは、計画・設計という行為は、本人の意思にかかわらず、その場所の履歴を引き継ぐことであり、もっといえば、育まれてきた文化を受け継ぐことにほかならないからだ。だからこそ、勝手な思いつきや他の場所での成功体験をそのまま当てはめるわけにはいかない。計画・設計に携わるものは、その手がかりを丁寧に探る謙虚さをもつ必要があるだろう。

　太田川のかわまち空間のデザインは、戦前の太田川の様子がわかる写真資料や

図 15　太田川の支流京橋川の戦前の様子。川に降りる雁木や川を望む建物、川での活動が見てとれる
（絵葉書：比治山御便殿遠望、広島県立文書館所蔵）

フィールドサーベイで、先人たちの使いこなしを丁寧に読み取り、現代に合うよう再解釈したものだ。例えば河岸テラスは、干満の差の大きい地域で用いられる雁木と呼ばれる階段護岸にヒントを得ている（図 15）。ただ写真にあるような各家に付随した雁木は川に降りる、潮の満ち引きによらず船が接岸できるという動線の機能に重きを置いたもので、そのままでは広場化されない。そこで、途中に広場となるテラスを設け、人々の居場所になるよう、テラスのサイズや形、ベンチや階段の配置を工夫したという。空鞘橋から相生橋の区間の石積護岸のテラスも、川べりに並ぶ建物で育まれてきた暮らしを継承するものとなっている。

　つまりデザインの射程が、広島という都市に欠かせない、川とともにある生活文化に広がっているのだ。学生時代に河岸テラスの設計を担当した小野寺氏は、テラス一つの設計においても、ひとの暮らしや生き方、場所性やまちとの関係を考え、形に落とし込むことの大切さを中村先生から学んだという。

　先人たちの都市の使いこなしに学び、現代に合うよう再解釈すること、まちの舞台を生み出すためのヒントはここにありそうだ。

A-3〈 自然とひと、ひととひとを結ぶ“縁側”のデザイン

　「縁側は自然とひとを結ぶものであり、ひととひとを結ぶものでもある。振り返れ

図16　津和野川右岸側の護岸パラペット

ば、太田川の一連のデザインは、広島という都市の縁側をつくることだったともいえる」

　川とともにある生活文化の継承・発展は、中村先生のこうした言葉にも表れている。都市の縁側とは、例えば、友との語らいを食事とともに楽しむ川沿いの料理屋や、レジャーシートを広げ家族や友人とピクニックを楽しむ河畔の芝生広場、また行き交うひとと佇むひとで賑わう船着場のテラスといった、四季折々の社交的な活動と水辺が結びついた空間を指している。

　たしかに家屋の縁側は、うだるような暑さのなかスイカにかぶりつき、月を眺めつつ団子を食べるというように五感で季節を味わう場であり、訪れたひとが気軽に腰掛け、茶を飲み、よもやま話に花を咲かせる社交の場として機能してきた。この風土的産物ともいえる縁側を都市へと展開することが、日本らしい都市をつくる方法だと中村先生は考えたのである。

　縁側は、内と外のどちらにも属し、両者が渾然一体となることで魅力が高まる。つまり、まちと川のいずれにも属す、かわまち空間という都市の縁側に、四季折々の社交的な活動が生まれる場を設けることで、まちの舞台を生み出していったということだろう。

　津和野川でも同様に、殿町通りと津和野川を結ぶ動線上に設けられた津和野大橋の橋詰広場や、対岸（右岸側）の高さを抑えた護岸パラペットなど、様々な社交的な活動と結びつく都市の縁側が設けられている（図16）。

A-4 〈 未来への布石をデザインで打つ

　まちの舞台は、一度つくれば長く使われる場でなければならない。しかし、いつの時代も社会は変わりつづけている。だからこそ、土木デザインには、時を経ても変わらない価値を探し当てる力が求められるのではないだろうか。それが、未来に対応するデザインになると信じたい。

　太田川の整備には、川とともにある生活文化という価値のもと、将来を見越してデザインされた場所がいくつも存在すると北村氏はいう。その代表的な場所が、元安橋橋詰のテラスである。現在の姿を見ると、河岸テラスと船着場、堤防上のカフェレストランと背後の樹木が一体感を醸し出していて、すべてが同時期にデザインされたように感じる（図18）。

　しかし河岸テラスが竣工した1991年当時は、堤防上のカフェは、計画どころか、制度的にも認められていなかった。にもかかわらず、中村先生たちは、川とともにある生活文化の継承・発展という信念のもと、将来的にカフェが出店する仕掛けを仕込んだ。そのもくろみは見事に実を結び、竣工から17年後の2008年にカフェレストランが出店した。ちなみに、河川敷地占用許可準則にまちづくりに資する商業利用が追加されたのは2011年だから、じつに20年以上前に先取りして計画していたことになる。

　さて、その仕掛けとはどのようなものだろうか。一つは立地選定だ。元安橋は、原爆ドームと平和記念公園、そして商業の中心部である本通商店街を結ぶ動線が交差する場所である。人通りの多いところに出店するのは商売の基本だし、アクセス性の高いところに船着場を設けるのも自然な流れである。制度さえ整えば、カフェが立地し、民間船舶が立ち寄りたくなる場所を戦略的に選んでいる。

　もう一つが、まちの舞台としての空間デザインの質の高さである。学部4年生から河岸テラスを手掛けてきた小野寺氏が設計事務所時代に手掛けたものだ。自身四つめの河岸テラスで、この頃には石材の仕上げの知識もかなり高くなっていたという。背後を気にせずくつろげる石積擁壁前面の長ベンチに加え、2段分の段差で注意喚起と座れる空間を両立したテラス水際端部の処理など、決して広い空間ではないが、ひとの動線を邪魔しないように、うまく滞留空間がしつらえられている。だから、いつ見ても佇むひとがいる。ひとはそこが心地良い場所であることを無意識のうちに感じとっている。そしてだれかがいる場所には行ってみたくなる。商業者が魅力を感じるのは当然のことだったろう。

　近年、公共空間では様々な規制緩和が進んでいるが、それでもまだ制度が追いついていない点も多い。元安橋橋詰の河岸テラスは、未来をたぐり寄せる、立地のプランニングと空間デザインの大切さを教えてくれる。

Q16 市民が川を使いこなすための仕掛けとは？

A-1 所有感が場所への愛着を育む

「私的な感覚をもてないと、場所への愛着も湧いてこない」と、中村先生は指摘する。

土木が扱う空間のほとんどは公共空間である。公共空間は、だれにでも開かれた空間であるが、だからこそ、だれのものでもない場所になる危険性をはらんでいる。

道端のポイ捨ては、その典型だろう。自分の家では決してしないことをやってしまう。つまりそのひとは、その道を自分の場所だと感じていないということだ。一方で、家の前の道を毎日きれいに掃きそうじするひともいる。そのひとにとって、その道は自分の土地の延長にある、私的な感覚をもつ場所だといえる。

このように、ある場所に対して私的な感覚をもつかどうかによって、そこでの振る舞いは変わってくる。そして、この振る舞いにより自分の場所という意識が芽生え、場所への愛着が育まれることにつながっていくのだろう。

それでは、公共空間に対して私的な感覚をもてるようにするにはどうしたらよいだろうか。その一つの方法が、水辺沿いのカフェレストランのように、ある一定の対価を払い、一定の時間、その場所を私的に占有できるような仕掛けを組み込むことだという。もちろん、これは公共空間をどんどん商業利用していけばいいという意味ではない。

そうではなく、多くのひとが自分の場所だと思える場所、そこで過ごす時間に価値を感じる場所、大切なひとを連れていきたいと思える場所へと、公共空間を変えていく必要があるということだ。そのために一定の対価が必要なら、そうしたほうが良いし、その対価を広く還元する仕組みをつくることで、公共空間をより豊かにすることができる。

実際に、太田川の本川や京橋川、元安川では、市民団体や有識者などで構成される「水の都ひろしま推進協議会」が、水辺のオープンカフェ事業者から協賛金を募り、水辺のコンサートなどのイベントといったまちづくり活動を行っており、対価を広く還元する仕組みが成立している（図17,18）。

このように見ていくと、公共空間は、だれにでも開かれているというだけでは不十分で、同時に市民が自分の場所だと実感できることが必要だといえるだろう。こうした私的な感覚をもつための仕掛けづくりには、どのようなものがあるのだろうか。

図17 2000年に実施された社会実験（元安川パラソルギャラリー＆カフェ）の様子（提供：小野寺康氏）

図18 まちの舞台として理想的なかわまち空間、船着場とカフェのある元安橋橋詰のテラス（提供：岡田一天氏）

A-2 〈 水辺のコモンズに向けた仕掛けづくり

　近年、公共空間では、完成直後から多様な活動が生まれる空間づくりを目指し、空間そのもののデザインに加え、そこでの活動や仕組みといった「こと」のデザイン、活動を担うひとたちを発掘し育てる「ひと」のデザインを、計画段階から継続的に取り組む事例が少しずつ増えている。こうしたプロセスデザインは、整備の過程を通じて、公共空間への私的な感覚を育てていく試みだといえるだろう。

　ところで、公共空間に対する私的な感覚が、個人のレベルを超え、集団としての感覚へと展開すると、どのようなメリットが生まれるのだろう。コミュニティが弱体化している都市において、公共空間が新しいコミュニティを育て、支える場所になる可能性があるとしたらどうだろうか。

　そのコミュニティは、自分たちの地域のありように自分ごととして関わる集団であり、地縁型とテーマ型コミュニティが融合する、多様な参画者の集団となるに違いない。その活動が水辺で展開する。これが、中村先生の提唱する「水辺のコモンズ」である。

　太田川基町護岸の計画・設計の頃は、市民参加による計画づくりはまだほとんど行われていない時代であった。そのため、水辺のコモンズに向けた活動が本格化するのは、整備が完了してしばらく経った 2000 年代に入ってからである。

図 19　River Do! による SUP のイベント（提供：River Do! 基町水辺コンソーシアム）

2002 年には「水の都ひろしま推進協議会」が立ち上がり、2003 年には「水の都ひろしま構想」が策定された。その合言葉は、「つかう・つくる・つなぐ」であり、三つの柱ごとに具体的な実践方策が 20 項目設定されている。雁木組による水上タクシー、「ポップラ・ペアレンツ・クラブ」による映画上映会などの様々な活動、「River Do! 基町川辺コンソーシアム」による SUP レース（図 19）、市内の複数の NPO 団体が運営する水辺のコンサートなど、水辺のコモンズは着実に根付き広がっていると、田中氏は言う。

　こうした水辺のコモンズにおける様々なネットワークは、日常の豊かさをもたらすだけではなく、災害時に人々の命を救う命綱になり、次世代につなぐ人育ての場としても機能するだろう。公共空間の整備を通じ、どのような社会の実現を目指そうとしているのか、広い視野のもとで公共空間の意味を考えること、まさに計画・設計に関わるものの器量が問われているといえるだろう。

図 20　2007 年から続く河岸緑地でのポップラ劇場の野外上映会（提供：ポップラ・ペアレンツ・クラブ）

Q17　空間の発想力はどうやって磨きをかける？

A-1〈 "ひと"を深く洞察してデザインを発想する

「空間デザインは、人間が空間とどう付き合ってきたかという知恵に学ぶしかない」。

太田川基町護岸と津和野川は、どちらも住民ワークショップがほとんど行われていなかった時代に取り組まれている。住民と議論し計画を練るのが難しかったからこそ、丁寧に情報を集め、土地の履歴や文化を読み解き、ひとの気持ちや行動を深く想像し、全体の計画や個々の空間デザインに取り組んでいたと感じる。

例えば太田川では、広島市中心部の景観調査と、川に対する市民意識調査を踏まえて、河川の計画方針が定められた。とくに、市民がどのように市の中心部を認識しているのかを視覚化したイメージマップを作成し、川に隣接していながら、川と結びつきの弱い場所を重点的に強化するなど、川を都市の一部と捉え、都市の骨格に組み込む点に特徴があった。また空間デザインにおいても、先人たちの都市の使いこなしの調査から川とともにある生活文化を把握し、その継承と発展を可能にするデザインが模索された。文化を捉えていたからこそ、将来を見越したデザインが、現実のものとして身を結んだといえるだろう。

津和野川も同様で、回遊性に乏しく、来訪者数の割には、まちに恩恵がもたらされないというまちの課題に対して、ひとの流れを川に引き込むことで、川を眺め、まちを巡ることを目指したデザインがなされていた。なかでも養老館前の河川区域と町有地の一体的な堤防法面は、"ひと"の素直な気持ちを大切に発想したからこそ、生まれた空間である。

近年は、市民ワークショップが一般化し、市民と直接議論できるようになった。3DCGの技術も身近になった。ともに設計の精度を高めるツールとして今後も活用すべきものである。ただ、その一方で、ワークショップの意見を安易に取り入れたデザインや、美しいCGではあるが、そこにそんなに多くのひとが集まるのだろうかと疑問を感じるデザインに出会うことも多くなった。それらに欠如しているのは、人間に対する想像力だろう。自分たちのデザインが本当に使われるものになっているか、本当に文化を引き継いだといえるか、その誠実な想いが冒頭の中村先生の「空間デザインは、人間が空間とどう付き合ってきたかという知恵に学ぶしかない」という言葉にあらわれている。

A-2 〈 優れた実践活動が未来を担う次世代を育てる

　計画・設計とは、統合化技術である。例えば橋を設計するには、構造力学や材料力学、地盤工学はもとより、地形を読む技術に加え、道路や河川の基本的なことも知っている必要がある。もちろん橋の構造形式や施工方法、コストや維持管理といった橋そのものの知識も必要だ。そして、なによりもその計画・設計を通じて、地域に提供したい価値を広く発想する力が求められる。つまり計画・設計とは、様々な条件を勘案するなかで達成目標を設定し、いくつもの工学知を組み合わせ、一つの形にまとめあげることだといえる。

　ここで大事なのは、だれがやっても同じになる、一つの正しい解があるのではないということだ。条件の重みづけや達成目標の内容によって、様々な解が存在する。しかも、その解は、正解か不正解と白黒つけられるものではない。かなり優れているとか、あまり優れていないといった、グラデーションのなかに位置するものだ。当然ながら、かなり優れている解もまた複数存在する。

　こうした統合化技術は、座学の講義では教えるのが難しく、設計提案に取り組む"設計演習"を通じて磨いていくしかない。これが、建築分野でほぼすべての学期に"設計演習"が配置されている理由だろう。土木でも景観の教員がいる大学では"設計演習"が配置されているが、建築に比べればコマ数は多くない。そうでない大学では、一つの正解しか存在しない、構造物の計算演習を"設計演習"としているところも多い。

　こうした状況を考えると、1970年代後半における太田川での中村研究室の取り組みはあまりにも先進的であった。研究と実践が分かち難くつながっていたことに加え、中村先生や北村氏の指導のもと、学生が設計案を検討していたのだから。結果としてここから、岡田一天氏や小野寺康氏をはじめ、後に日本の土木デザインを担う人材が巣立っていった。津和野川は、篠原修先生が主宰する東大景観研究室が直接関わったわけではないが、当時、修士生だった中井祐氏（現・東京大学教授）が岡田氏のもとで模型製作の手伝いをし、星野裕司氏（現・熊本大学准教授）や池田大樹氏（現・大日本コンサルタント）などが津和野川を題材とした研究に取り組んでおり、学生時代に実践活動に触れることの大きさを伝えている。こうした流れは、その後、他の大学にも広がり現在に続いている。

　「若いひととやってきたことに意味があり、大人だけではできなかったかもしれない」。
　中村先生のこの言葉に勇気を得て、大学はもちろん行政や企業も含めた土木全体で、若者の活躍の場をより積極的につくり、土木の新しい価値を開いていきたい。

A-3 〈 境界を越えるデザインを目指す

　本章では、土木の設計対象として川に着目し、都市を構成する重要な要素として川を捉え、デザインすることの方法や効果について議論してきた。

　太田川基町護岸と津和野川に共通しているのは、「川の設計はこういうものだ」という常識にとらわれることなく、設計対象の空間・機能・時間を拡張し、川の多面的な価値を引き出そうとする姿勢だといえるだろう。

　空間でいえば、都市の広がりで川を捉えることが、後背地のまちと呼応するかわまち空間を生み、川を回遊性と滞留空間をもつまちの骨格へと育てることにつながっている。時間では、生活文化という時間軸で川を捉え、過去に学び、変わらない価値を捉えることで、将来のまちの舞台まで実現している。都市の新しいコミュニティの場という川の新しい機能を見出し、ひとと活動を育てることで、防災力の強化や未来のひと育てというさらなる価値を目指す試みも行われている。

　こうした太田川基町護岸と津和野川の取り組みは、川にとどまらず、様々な土木空間・構造物に展開することが可能である。人々が生き生きと活動できるまちの舞台を増やすためにも、設計対象の常識にとらわれることなく、境界を超えるデザインに取り組んでいきたい。

第3部

自然との共存

———

川と暮らしをつなぐ
時間のデザイン

　土木デザインの対象は、構造物、都市を超えて、時にひとの一生より長い自然と暮らしの関係づくりにまで及ぶ。環境が大きく変化するいま、これまでの開発を通して離れてしまっていた自然と暮らしの新しい関係をつくる将来ビジョンと、それを実現する技術と実践が求められている。

　第3部では、事業対象の河川の規模や事業の契機は異なるものの、共通して河川整備を通して川と人々の暮らしをつなぎ直そうとした事例を取り上げる。各事例やその背景にある仕組みの理解を通して、災害を含めた自然の有様と、その地域で暮らしていくということの新しい関係をつくっていく土木デザインについて考えていきたい。

Chapter

6

ひととの関係を回復する
河川デザイン

山田裕貴

㈱Tetor/㈱風景工房 代表

　ひとの暮らしと川との関係は、古来より切っても切り離せない密接なものであった。ひとは川から食料や生活用水、農業用水といった様々な恩恵を受けて生き、暮らし、まちを築き発展させていった。しかしその一方で、川は洪水を起こし、人々は災害を受けてしまうことも常であった。近代以降、技術は発達していく。ひとの暮らしが高度化し、土木技術も高度化していく中で、災害から逃れるために高く堤防を築いた。近世は霞堤などに代表されるように、洪水時はわざと溢れさせて湛水するような不連続な堤防もあったが、近代以降は、川の水を川のなかに閉じ込め、川の中だけで完結する治水が行われていった。災害頻度は下がったものの、今では一部の川をのぞいて、川とまち、ひとが切り離されてしまったのが今のひとと川の関係性の現状である。切り離されてしまった川とひととの関係を、今一度回復できるのか、どのようにすればそれが可能となるのか、これが本章のテーマである。

土木学会デザイン賞20周年記念 Talk sessions

「土木発・デザイン実践の現場から」

第4回

川から見るまち・まちから見る川

開催年月：2020年12月8日

中村晋一郎氏
（現：名古屋大学大学院
工学研究科土木工学専攻
准教授）

吉村伸一氏
（現：㈱吉村伸一流域計画室
代表取締役）

原田守啓氏
（現：岐阜大学流域圏科学
研究センター 准教授）

　ひとと川の関係が切り離れてしまったと述べたが、すべての川でひととの関係性は失われたままではない。ひとと川との関係性を見事に回復し、高い評価を得ている事例が存在している。本章では、〈和泉川／東山の水辺・関ヶ原の水辺〉〈伊賀川　川の働きを活かした川づくり〉〈糸貫川青流平和公園の水辺〉に着目し、和泉川、伊賀川に携わった吉村伸一氏（㈱吉村伸一流域計画室）、糸貫川に携わった原田守啓氏（岐阜大学）、河川研究者であり実際のフィールドでも広く活動している中村晋一郎氏（名古屋大学大学院工学研究科土木工学）の三氏とともに行った議論をもとに、その方法論について論じていきたい。

　なお本章は、2020年12月8日に開催された土木学会デザイン賞20周年記念トークセッションズ「第4回川から見るまち・まちから見る川」での議論をもとに再構成したものであり、当日の進行とは異なることを記しておきたい。

和泉川／
東山の水辺・関ヶ原の水辺
川とまちをつなぐアースデザイン

(提供：吉村伸一氏)

2005年度 最優秀賞

DATA

・所在地　　：神奈川県横浜市瀬谷区宮沢
・設計期間：1991 年〜 1997 年
・施工期間：1993 年〜 1997 年
・事業費　　：約 9.5 億円
・事業概要：河川整備
　　　　　　［東山の水辺］延長 540 m、面積 3 ha
　　　　　　［関ヶ原の水辺］延長 260 m、面積 1 ha
・事業範囲：河道整備（水辺空間整備）：谷戸の地形構造に合わせた地形処理（造
　　　　　　成工事）
　　　　　　石積護岸、芝生法面、川辺の道／園路舗装：土系舗装
　　　　　　人道橋：木製ポニートラス、L = 15.0 m、B = 3.0 m、もぐり橋（木製）
・事業主　　：横浜市下水道局河川設計課（当時）
・設計者　　：㈱農村・都市計画研究所、アジア航測㈱、㈱アトリエトド
・施工者　　：㈱坂本興業、神和興業㈱、石山造園㈱

（図中ラベル）
二ツ橋地名由来の碑
三ツ境駅
和泉川の水辺
散歩コース
二ツ橋の水辺
宮沢ふれあいの水辺
和泉川／東山の水辺
和泉川／関ヶ原の水辺
N
800m

　横浜市にある和泉川〈東山の水辺〉がもつ景観特性は、台地を刻んだ谷戸の空間構造に由来する。谷戸の空間構造を継承・再生し、川と斜面林とが一体となった生活空間を創出することをランドスケープの基本とし、左岸に連続する台地崖線の河畔林は、エリアの景観を特徴づけている。

　〈関ヶ原の水辺〉は、左岸の斜面林と右岸の農地、農家の佇まいなど全体的に農村的な景観を保全している点が特徴だろう。台地崖線の斜面林はクヌギ・コナラ・スギ・ヒノキ・サワラ・竹林などの多様な樹種で構成されている。旧河川と新河川の間の土地を河川用地として買収し、自由度の高い水辺空間とすることをデザインの目標として設計された。

　和泉川両地区の整備のもととなるのが「和泉川環境整備基本計画（案）」である。この計画では、通常の河川環境整備計画が、河川敷地内の「環境配慮」にとどまっているのに対し、川と沿川地域を一体的に捉え、河川の環境や景観をトータルにつくりだす意欲的な試みが評価された。横浜市はこれまでも、いたち川など個々の河川づくりにおいても優れた河川整備を数多く実現してきた。〈東山の水辺〉〈関ヶ原の水辺〉のデザインは、この集大成として位置づけることができる。

特徴
　・周辺地形や川幅に応じた丁寧な地形処理や周辺の河畔林の保全により、美しいランドスケープを実現しており、地域に豊かな公共空間を提供している
　・レベルの異なる複数の動線を設けることにより、歩行者が自由に水辺に近づくルートを選択することができ、豊かな河川空間を体験できる

伊賀川

川の働きでつくる生き生きとしたまちの余白

(提供：吉村伸一氏)

2018年度 優秀賞

DATA
- 所在地　：愛知県岡崎市魚町、西魚町、福寿町、城北町
- 設計期間：2008年10月〜2009年3月
- 施工期間：2009年9月〜2011年9月
- 事業費　：約3.5億円
- 事業概要：河川整備（延長490m）
- 事業範囲：施工延長：490m（三清橋〜瀧見橋）
　　　　　　石積護岸工：980m
　　　　　　石積擁壁工：850m（中段400m、上段450m）
　　　　　　石組水制工：3カ所
　　　　　　寄せ土工（自然な水際）：660m
　　　　　　植生工：サクラ16本
　　　　　　ほか
- 事業者　：愛知県西三河建設事務所
- 設計者　：㈱東京建設コンサルタント、㈱吉村伸一流域計画室
- 施工者　：㈱加藤組、朝日工業㈱、㈱桐山組

　伊賀川は、愛知県岡崎市を流れる中小河川である。2008年8月の豪雨で観測史上最大の猛烈な雨により甚大な被害が発生した。県は「床上浸水対策特別緊急事業」によって三清橋から上流2.4km区間の河川改修を実施することとした。当初計画された河川の横断面は、現況の低水路形状を基にした複断面（低水路と高水敷で構成される断面）であった。治水は向上するが、瀬や淵など川特有の微地形が数十年を経ても全く出現しなかった"排水路のような"改修前の川同様、低水路幅が狭すぎて川本来の機能が改善しないという問題があった。そこで提起されたのが、洪水時に運ばれる砂礫の堆積が起きやすいよう、低水路幅を計画の約2倍に広げた構造だ。砂礫の堆積を契機として川自らの力で瀬や淵を形成していく発想である。この方針転換により、平らで単調だった川底に瀬や淵が形成され、河川植生も回復した。魚影が全く見えなかった川には群れをなして泳ぐ魚の姿が戻り、2022年6月にはアユの大群が遡上し話題となった。排水路のような川が「普通の川」に戻ったというだけの極めて地味な改修である。だが、川自らが再生するよう働きかける発想が評価された。地域住民と川の関わりもまた、回復しはじめている。

特徴　・当初計画から河川断面を変更し、川幅を広げることで、川が自由に流れることができるスペースを確保している。そのことにより、砂の堆積を促し、豊かな植栽や生態系を形成している

　　　　・まちと川を繋ぐ動線がふんだんに盛り込まれており、まちと川を接続することに成功している。災害復旧にとどまらない、豊かな河川デザインとなっている

CASE 14

糸貫川清流平和公園の水辺

川のポテンシャルを引き出すエンジニアリング

2016年度 優秀賞

DATA
- 所在地　　：岐阜県本巣郡北方町高屋
- 設計期間：2013 年 3 月〜 2014 年 3 月
- 施工期間：2014 年 5 月〜 2015 年 3 月
- 事業費　　：約 2.5 億円（町／ 2 億 400 万円、県／ 4500 万円）
- 事業概要：都市公園
　　　　　　（面積 1.15 ha、河川区域内及び土地区画整理事業地内）
- 事業範囲：糸貫川高水敷及び土地区画整理事業地内主要施設（主要事業）
- 事業者　　：北方町、岐阜県県土整備部岐阜土木事務所
- 設計者　　：㈱テイコク
　　　　　　［設計協力］岐阜大学、国立研究開発法人土木研究所自然共生研究センター
- 施工者　　：㈱堀部工務店

本巣市

糸魚川清流平和公園の水辺

N
300m

糸貫川
北方町

　岐阜県本巣郡・糸貫川の水辺に整備された〈清流平和公園〉は、河川と公園との境目をなくし一体的な空間を形成した点に特徴がある。既設護岸の一部区間を撤去し、階段状であった地形をなだらかな緩傾斜へと処理した。さらに、公園から川へと利用者を誘導する仕掛けとしてせせらぎ状の水路を配置することにより、公園利用者が無理なく川を楽しめる動線を形成した。配置した四阿、ベンチからは、公園から水辺に至る広々とした空間を一望でき、小さな子どもをもつ母親らも、安心して子どもたちを遊ばせることができる。本事業は、河川管理者である県による河川整備と、町による公園整備を協調して行う「かわまちづくり事業」によって整備された。公園敷地は岐阜県が管理する糸貫川の河川区域から隣接する敷地へとまたがっており、北方町が土地区画整理事業に伴って都市公園として整備している。大人は安心して芝生に寝転がりながら子どもを見守り、小学生はタモ網を使って川で魚とりをする。そんな水辺の公園が実現した。

特徴　・水理解析を行い、安全性を確認した上で、既設護岸の一部を撤去しており、公園内から水辺が見える居心地の良い空間を提供している
　　　　・公園部に設置されたせせらぎを護岸が撤去された水辺まで連続させることで、自然な川へのアクセスを促している。子どもたちの遊び場としても機能している

Q18 定規断面で川は豊かになるのか？

A-1 安全は当たり前、日常の豊かさを考える

デザインよりも安全が大事だ。そんな言葉を時折耳にする。土木の業界ではよく、安全とデザイン（景観）は二項対立的に語られがちだ。もちろん人々の命を守ることは土木にとって大事な使命である。全くの異論はない。しかし果たして、安全とデザインは両立できない、相反するものなのだろうか。もともとひとは洪水の危険性を知りながらも、同時に川の恩恵を受けて暮らしてきた。川で魚を取り、水を引き込み、田を潤し、生活用水としても利用し、生業を営んできた。川との暮らしの豊かさは、生業以外でも数多く語られてきた。読者の中にも、子ども時代に川で遊んだ経験、日常使いでの川と暮らしの関係性に思い入れがある方も多いだろう。

川とひととの本来あった関係性を伺い知るには、その場所で暮らしてきた方々から話を聞くことが重要である。和泉川のプロジェクトに携わった吉村伸一氏（吉村伸一流域計画室）は、設計期間に入る前、地元の大人たちを対象としたヒアリングで、子どもの頃に川がどんな様子であったかを調査している。和泉川では、「堰があちこちにあり、水を引いて生活がなりたっていた」「本家は川の傍にあり、分家は少し離れていた」「うなぎは農家にとっての重要な収入源であり、捕獲は子どもの役割であった」など、暮らしのなかで川と密接に関わりをもっていた様々なエピソードがたくさん集まったそうだ。

現在、川とひととの関係性は希薄化し、生業そのものも失われている。かつての暮らしと川の関わりは、近代化によってすっかり埋もれてしまった。目の前にある川を見ているだけでは、きっと想像もつかないだろう。先述した和泉川のエピソードは、川を計画するには元々どういう川であったかを知ることから川のデザインを始める、という吉村氏の設計思想が窺い知れる。和泉川はこうしたかつての川とひととの関わり、川と生活の結びつきを再生することを目標にかかげ、デザインを行ったという（図1）。河川整備を行う際、まず命題となるのは、川からひとの命を守り安全を確保することだ。しかし加えて重要なのが、川のデザインを通じていかに日常の豊かさをつくれるか、である。昔からあったひとと川の関係性を掘り起こし再生した和泉川を実際に訪問すると、デザインと安全は相反するものではなく、両立できるということに気づかされる。ではどのように両立していったか、詳述していきたい。

図1　水辺で遊ぶ風景（和泉川／東山の水辺）（提供：吉村伸一氏）

A-2 〈 定規断面は一つの目安、多様な形の可能性を探る

　和泉川・伊賀川は、整備前後の川の姿が大きく異なる。まるで同じ川には見えないくらいである。なぜここまで違う景観が一つの川で生まれるのか（図2,3）。そこには、河川デザインにおける断面計画へのアプローチが大きく影響している。河川の設計には「定規断面」という概念が存在する。河川整備ではまず、その川が洪水時に安全に水を下流まで流すために必要な流量が設定される。定規断面とは、その流量を流すことができる幅と深さを示した、いわば河川整備における断面の基準線である。和泉川・伊賀川は、この基準となる断面線を意識しながらも一律の断面とせず、地点によって多様な断面形状をデザインしている。「定規断面は、計画流量を流すための設計条件の一つではあるが、答えはこの形だけではない。もっとたくさんの形が考えられる」と吉村氏は指摘する。

　伊賀川では、計画断面を拡張することで河川の働きを促し、上流から運ばれてくる砂が堆積する場所を河川内に生み出している。つまり、川自身の力で環境を回復していくための "ゆとりのある（自由に流れて良い）" スペースをつくるのである。川のデザインを、川そのものに委ねる手法ともいえる。ゆとりのある川では、まるで大きく長い生き物のように、川そのものが、くねくねとその姿を変化させていく。逆に定規断面の中だけに閉じ込めてしまうと、川自身の本来の回復力を引き出せず、豊かで良い川は決して生まれない（図4,5）。だから、定規断面を基準としながらもそれだけに捉われない発想が必要なのである。結果、伊賀川には植物の生息地が生まれ、川本来の可能性を大きく引き出すことに成功している（図6,7）。

図2　改修前の和泉川／関ヶ原の水辺（Before）（提供：吉村伸一氏）

図3　改修後の和泉川／関ヶ原の水辺（After）（提供：吉村伸一氏）

図4　改修前の伊賀川（Before）（提供：吉村伸一氏）

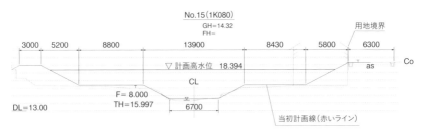

図5　現況の低水路形状にあわせた当初計画断面（提供：吉村伸一氏）

図 6　改修後の伊賀川（After）（提供：吉村伸一氏）

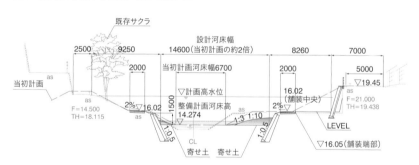

図 7　川の動きを生み出すスペースを確保した見直し断面（提供：吉村伸一氏）

A-3〈 身体感覚で捉え、コンターラインで図面を描く

　定規断面という概念だけに捉われず河川をデザインするためには、どのような手法があるのか。和泉川や伊賀川には、川辺へ導かれるような動線や、居心地の良い居場所が多く存在している。なぜそのような場所が生まれているのか。吉村氏は河川を考える際に、断面だけで考えるのではなく、平面図にコンターライン（等高線）を入れるという。岐阜大学の原田守啓准教授も、吉村氏と一緒に仕事をした際、「図面に1mごとの線を引かないとスケールがイメージできない」と言われたという。ちなみに土木デザインの分野において、例えば公園設計でコンターラインを書くことは一般的ではあるが、河川整備事業でそのような線を引くことは極めて珍しい。さらに驚くべきことに、和泉川においては20 cmピッチでコンターラインを引いている。これは、河川を単に水を流す構造物として考えるのではなく、地形のデザイン（アースデザイン）と捉えていることの表れであろう。もちろん、断面図と平面図の整合を図らなければならないため、設計の手間は多い。しかし、和泉川、伊賀川はこの手間をかけてでも実現すべき価値を有している。

　「ヒューマンスケールな地形の処理を考えるため、いつも現地を訪れた自身の身体感覚を重視している」とも吉村氏は話す。和泉川・伊賀川を訪れると、まさに吉村氏が体験をデザインしたとおりに先へ先へと歩みを進めてしまうシークエンスがそここに仕込まれている（図8,9）。堤防を歩いていると、水辺に向かって足を進めたく

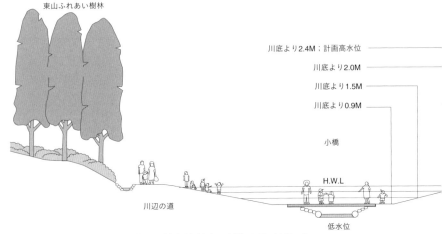

図8　川床からの高さが表示された断面図（和泉川／東山の水辺）（提供：吉村伸一氏）

図9　川へ降りる園路が組み込まれた護岸（和泉川／東山の水辺）（提供：吉村伸一氏）

なり、橋の上で一休みして佇んでみる。反対側を眺めているとまたそちらの堤防に行ってみたくなる、という具合に、縦横無尽に河川空間を歩いてしまうのだ。コンターラインで図面を書くということは、まさにその場所を楽しむひとの気持ちになってデザインをするということなのだろう。いかに身体感覚をもって図面を引くか、その試み一つで、川のデザインは劇的に良くなる可能性を秘めている。

Q19 治水だけじゃない、地域価値を高める川づくりとは?

A-1 〈 まちと川の境目をつくらない

　和泉川、伊賀川、糸貫川の事例を見ていくと、そこには多くのひとが訪れ、散歩したり、佇んだり、あるいは川そのものと触れ合っている光景に出会う。川のある日常生活があり、川がその地域の価値を高めているのは明白である。実際に訪れてみるとよくわかるのが、「まちと川の間に境目をつくらない」というデザイン姿勢である。

　まちと川に境目をつくらないということは具体的にどういうことか。吉村氏が関わった陸前高田市の川原川を参照してみたい。川原川は、震災復興の一事業として改修が行われた河川である。場所によって断面を変え、河岸を寝かせるという手法がとられているのが特徴だ。通常の河川堤防は2〜3割勾配で設計されているが、降りていくには少し急な角度である。それをなだらかにすることで、まちから川へのスムーズな移動を可能としている。緩傾斜護岸の採用である。隣接地に公園がある区間では、公園用地も含め一体的にデザインし、なだらかにまちと川を接続している（図10,11,12）。

　そもそもまちと川との間に境界をつくっているのは、人間自身が設置した堤防である。災害から身を守るために、川とまちの間に築かざるをえない堤防だが、その存在を壁として捉えるのではなく、川とまちをつなげる装置としてデザインすることが、結果的に地域の日常生活を豊かにするのである。この思想は、〈糸貫川清流平和公園〉の水辺でも実現されている。

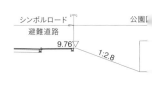

**護岸を5分に立て河川を最小断面とし、
片側を棚田状の広場とした区間**

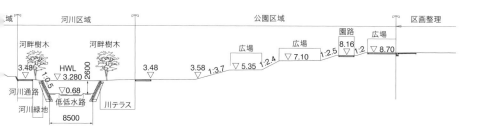

河川の両側を緩やかな土手とした区間

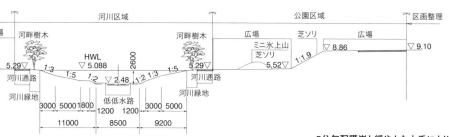

**5分勾配護岸と緩やかな土手により
場所に応じた地形処理を行っている区間**

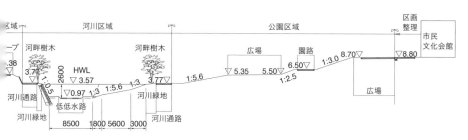

図10　場所に応じて広場の位置や勾配が変化する河川断面（川原川）（提供：吉村伸一氏）

図11　川原川と川原川公園を一体化した水辺空間（提供：吉村伸一氏）

図12　豊かな河川断面により多様な居場所が生まれる（川原川）（提供：吉村伸一氏）

A-2 〈 護岸を外して公園から川へと誘い出す

　原田氏が手掛けた〈糸貫川清流平和公園〉の水辺では、堤防が川とまちの境目ではなく、両者をつなげる装置として設計することに成功している。公園に入った瞬間に水辺が見えるよう、緩傾斜な地形処理を行い、河川区域の境界を意識させない秀逸なデザインだ。またそのために、河川の既設護岸を撤去するという大きな決断を行っている（図13,14）。既設護岸を撤去する、そのような言葉を聞くと、護岸をなくして安全上問題はないのか、そのような疑問が湧くだろう。そこには原田氏の専門であるエンジニアリングが大きく貢献している。水理解析を行い、護岸が必要な場所と必要でない場所を明確化し、治水上影響がないことが証明された箇所だけ、既設護岸を撤去したのである。堤防の一部にはせせらぎ水路が設置され、撤去された護岸部分と接続している。図14のように、せせらぎ水路で遊ぶ子どもたちは、自然と本当の川の方へと誘い出されていく。きっと遊んでいるうちに気付いたら川にいたのだろう。空間配置やディテールは、大人が安心して子どもを見守れるように、樹木や石材が入念

図13　改修前の糸貫川（Before）

図14　改修後の糸貫川（After）（提供：吉村伸一氏）

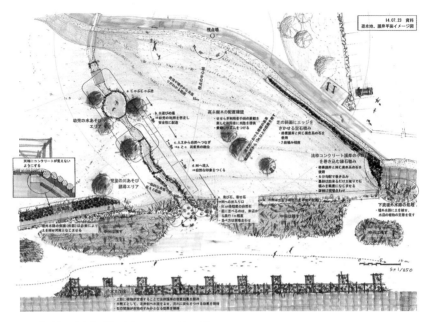

図 15　設計意図や方針が描かれたスケッチ（糸貫川）

に配置・デザインされている（図 15）。まさに川とまちの壁としての護岸ではなく、川とまちをつなぐ装置としての護岸が実現した好例である。結果、隣接する敷地には、当初計画とは異なり子どもたちが喜ぶケーキ屋さんが立地したようである。このまちに、ひとの営みと川の一体的な空間が実現したといえる。

A-3〈 現代技術に埋もれていない子どもたちは川で遊ぶ

　この 3 事例いずれも注目してほしいのが、子どもたちが川で遊ぶ姿である。どの事例でも、掲載した図には川の中に入って遊ぶ子どもがたくさん写っている。私自身、自然の中で遊ばなくなって久しいが、小さな頃は草むらを駆け回り、昆虫を捕まえ、秘密基地をつくり、自分たちだけの居場所をいろんなところにもっていた。自然に触れ合い、自然から多くのことを学んでいた。しかし、すっかり便利な暮らしになった現代で、子どもも大人も、自然環境から足が遠のいてしまっている。「大人は現代技術に埋もれて、川に関わりたいという気持ちが希薄である」と吉村氏は指摘する。一方で、現代技術に触れる前の子どもたちは、ちゃんと川の楽しみ方を知ってい

図 16　川に入って遊ぶ子どもたち（糸貫川）（提供：吉村伸一氏）

図 17　もぐり橋に集まる子どもたち（和泉川／東山の水辺）（提供：吉村伸一氏）

図18 コロナ禍、川で遊ぶ家族の姿（いたち川／稲荷森の水辺）（提供：吉村伸一氏）

図19 コロナ禍での川での過ごし方（いたち川／稲荷森の水辺）（提供：吉村伸一氏）

るのだ、という。和泉川でも、中村晋一郎氏（名古屋大学）が関わっている善福寺川でも、川づくり事業には必ず子どもを中心としたワークショップを組み込み、子どもと川との関わりを積極的につくっているそうだ。「川づくりには終わりがない」（中村氏）からこそ、未来の川を引き継いでいく子どもたちに、川で遊びつくした幼少期の体験をプレゼントすることが重要なのだろう（図16,17）。

　新型コロナウイルスの蔓延にともなう外出自粛によって、近年、身近な公園や河川空間の価値はいっそう見直されるようになった。吉村氏が携わった〈いたち川・稲荷森の水辺〉（土木学会デザイン賞2011年優秀賞）では、コロナ禍でも近隣の子どもたちを連れた家族連れが川に出かけ、適度に距離を取りながらも目一杯水辺を楽しんでいたという。こうした光景は大人にとっても、川の価値を認めざるをえない時代なのではないだろうか（図18,19）。

A-4〈 河川整備とまちづくりと環境保全を同じチームで考える

　希薄化してしまった川とひととの関係性を回復するため、「身体感覚で設計する」「川とまちの境目をつくらない」などの実践を重ねてきた設計者の皆さんにお話を伺い、お三方には常に、既存の概念に捉われず、いかにまちやひとにとって魅力ある親水空間を実現するか、という挑戦的な発想が根底にあることを実感した。もちろん、どの事例も河川堤防として「川からひとを守る」という役割も十分に両立させている。洪水からひとの命を守るという信念と、日常の暮らしを豊かにするという信念の双方がかみ合わさったとき、豊かな、ひとの活動にあふれた河川空間が実現するのだろう。それは必ずしも1人だけで担うものでもないかもしれない。土木のデザインにおけるこうしたデザイン思想は、まだまだ一般的ではないだろうし、簡単ではないだろう。ただし、本章で見てきた事例はいずれも、ことさら特殊な枠組みや潤沢な予算がある大事業だからなしえたわけではない。現場で直面した課題に真摯に向き合い、多様な技術力でお互いを補いあってほんの少し、発想を転換させて生まれた成果であることは、大きな励みになる。河川技術者、景観デザイナー、環境技術者と、様々な職能をもつひとが一つのチームとして取り組むことから始めてみてはどうだろうか。

Chapter

7

災害復旧とまちづくりを両立する
実践手法

福島秀哉

㈱上條・福島都市設計事務所 共同主宰
東京大学大学院新領域創成科学研究科国際協力学専攻 客員連携研究員

　自然災害や有事に際して人々の生命・財産を守ることと、日常の生活の豊かさを支えることは、車の両輪のように、土木が果たすべき二つの重要な役割である。しかし近年、激甚化する自然災害に対応する復興や復旧に関わる土木の現場では、その二つの役割が二項対立的に語られてしまうことが間々ある。その結果、特に日常の生活の豊かさに関わるインフラの役割が、復旧・復興事業の計画の表層に追いやられ、生活文化の中で育まれてきた風景が失われてしまうケースもみられる。この両者を橋渡しし、新しい地域とインフラの関係を提案していくことは、これからの土木デザインの重要な使命だといえる。

　災害復旧・復興事業は、通常とは異なるスピードでの事業推進が求められる。災害後の復興事業メニューである激甚災害対策特別緊急事業（激特事業）や災害復旧事業は、基本的に５カ年で計画・設計・施工を終えなければならない。一方「復興まちづくり」という言葉があるように、復興事業を将来を見据えた地域とインフラの新しい関係性をデザインする、次世代のまちづくりのきっかけと捉えることも可能である。事業推進のスピード感と次世代のまちづくりへの可能性、この二つのテーマに災害復旧・復興事業のなかで向き合い、地域のピンチをチャンスに変え、新しい価値を創造した事例はまだ少ない。その実践には公共事業における高度なマネジメント力や既存制度を創造的に読み解く技術が必要である。

土木学会デザイン賞20周年記念 Talk sessions

「土木発・デザイン実践の現場から」

第7回

激特事業・災害復旧事業にみる防災と景観まちづくりを両立する実践手法とは

開催年月：2021年1月7日

島谷幸宏氏
（現：熊本県立大学
特別教授、大正大学地域
構想研究所 特命教授）
（当時：九州大学
大学院教授）

星野裕司氏
（熊本大学くまもと水循環・
減災研究教育センター
准教授）

萱場祐一氏
（現：名古屋工業大学教授）
（当時：国立研究開発法人
土木研究所
水環境研究グループ）

　筆者は事例の少ないこのテーマの実践知を議論すべく、災害復旧・激特事業で土木学会デザイン賞を受賞した作品に着目し、その事例に関わったメンバーにお声かけして議論の場をもった。メンバーとして、川内川激甚災害対策特別緊急事業の多自然川づくりアドバイザーおよび同事業虎居地区のデザイン監修、津和野川・名賀川河川災害復旧助成事業の多自然川づくりアドバイザーおよびデザイン監修をされた島谷幸宏氏（現：熊本県立大学特別教授、大正大学地域構想研究所特命教授、当時：九州大学大学院教授）、川内川激甚災害対策特別緊急事業における曽木の滝分水路のデザイン監修を行った星野裕司氏（熊本大学くまもと水循環・減災研究教育センター准教授）、山国川床上浸水対策特別緊急事業で多自然川づくりアドバイザーを務めた萱場祐一氏（現：名古屋工業大学教授、当時：国立研究開発法人土木研究所水環境研究グループ）の3名にご参加いただいた。

　当日は、災害復旧・復興事業において「新しい取り組みを実現したプロセスとポイント」「取り組みの到達点と今後の展開可能性」の2点を軸に議論を進めた。現行制度の中で様々な課題を乗り越える技術力、現場における実践知、制度そのものへの課題や、川とともにある暮らしを次世代へ継承することの難しさなど、話題は多岐に展開した。本章は以上の議論をもとに、災害復旧・復興事業とまちづくりを両立する実践手法のポイントについて論じるものである。

川内川激甚災害対策特別緊急事業
激特事業における大胆かつ丁寧なプランニング

■虎居地区および推込分水路

(提供：国土交通省川内川河川事務所)

2013年度 優秀賞

DATA

- 所在地　：鹿児島県さつま町虎居地先
- 設計期間：2007 年 2 月～ 2009 年 3 月
- 施工期間：2009 年 9 月～ 2011 年 6 月
- 事業費　：[虎居地区] 約 14 億円、[推込分水路] 約 22 億円
- 事業概要：激甚災害対策特別緊急事業
　　　　　　[虎居地区] 築堤・河道掘削（延長 2 km）
　　　　　　[推込分水路] 延長 250 m、平均河床幅 65 m

　2006（平成 18）年の鹿児島県北部豪雨災害を受け、同年 10 月に川内川激甚災害対策特別緊急事業（以下：川内川激特事業）が採択された。2005（平成 17）年に設置された「激特事業及び災害助成事業等における多自然川づくりアドバイザー制度」が適用された初期の事例であり、同アドバイザーである島谷幸宏氏が川内川激特事業における景観配慮の必要性を提言、さつま町の虎居地区と伊佐市（当時大口市）の曽木の滝分水路が重点区間として指定された。虎居地区には島谷氏自ら派遣された。災害復旧・復興事業ながら、丁寧な住民参画とプランニングが評価され、土木学会デザイン賞 2013 年優秀賞を受賞。

九州大学における住民参加による公開模型実験の様子（提供：九州大学流域システム工学研究室）

特徴	・九州大学で住民参加による公開模型実験による分水路等による水位低減効果を検証
	・行政、有識者、住民代表による「宮之城地区川づくり検討会」、風景、歴史、文化に関わる地域意見の反映、川へのアクセスや利活用も考慮した川づくりを議論する「川づくり住民部会」を設置
	・虎居地区堤防では史跡虎居城跡をイメージした石積み堤防を整備

■川内川激甚災害対策特別緊急事業（曽木の滝分水路）

（提供：国土交通省川内川河川事務所）

2013年度 優秀賞

DATA
- 所在地　　：鹿児島県伊佐市曽木地先
- 設計期間：2007 年 7 月〜 2009 年 3 月
- 施工期間：2008 年 9 月〜 2011 年 3 月
- 事業費　　：約 9 億円
- 事業概要：延長 400 m、平均河床幅 30 m
- 事業範囲：［上流域被害］床上浸水約 900 戸／浸水面積約 970 ha
　　　　　　　延長約 400 m、平均河床幅約 30 m、掘削量約 25 万 m³
- 事業者　　：国土交通省九州地方整備局川内川河川事務所

　川内川激特事業の重点区間となった曽木の滝分水路には、熊本大学の小林一郎氏、星野裕司氏が専門家として派遣された。2006（平成 18）年の鹿児島県北部豪雨災害後の治水対策工事において、川内川流域有数の観光拠点である名勝地曽木の滝の自然豊かな景観を守るため、分水路が計画された。模型や 3 次元 CAD を用いた検討など、設計から施工まで一貫して様々な工夫が行われ、スケールが大きいダイナミックなプロジェクトながら、細部の丁寧なプランニング・デザインが評価され、虎居地区および推込分水路とともに土木学会デザイン賞 2013 年優秀賞を受賞。

断面模型による現場での検討の様子

特徴
・行政機関、地域住民、大学有識者による景観検討委員会を設立
・周辺景勝地の景観との調和や 平常時の利活用、地域活性化につながる観光資源化を目指した
・「あたかも自然が創り出したかのような景観の創出」をコンセプトに、模型や 3 次元 CAD を用いて景観性・機能性・経済性を総合的に検討
・「曽木の滝周辺活性化検討会」の設置など、様々な利活用の取り組みが継続的に行われている
・自然の地形や地質の特性を丁寧に読み取った河道掘削により、周辺と一体的な風景を創出

CASE 16 津和野川・名賀川河川災害復旧助成事業名賀川工区

災害対策と地域景観創出の両立

（提供：島根県土木部河川課）

2019年度 最優秀賞

DATA
- 所在地　：島根県鹿足郡津和野町名賀地内
- 設計期間：2014年2月〜2015年1月
- 施工期間：2014年4月〜2014年9月、
　　　　　　2015年4月〜2016年3月
- 事業費　：約67億円
- 事業概要：災害復旧助成事業
　　　　　　河川（延長370m）、頭首工、橋梁、防災拠点施設、鉄道

　2013（平成25）年の豪雨災害で甚大な被害を被った白井地区は、川沿いから「SLやまぐち号」の撮影スポットとして広く知られていた。県土木事務所と計画の支援をした九大チームは地域の方々と具体的な復旧のあり方を協議・調整し、その上で治水と環境が統合した適正な河道形状の導出、被災した頭首工の形状決定等を行った。護岸は白井地区で広く見られる野面石積とされた。創出された広場では、様々なイベントがSL応援団の手で実施されるようになり、多くのSL鉄道ファンで賑わっている。復旧・復興における"地域を豊かにするデザイン"が高く評価され、土木学会デザイン賞2019年最優秀賞を受賞。

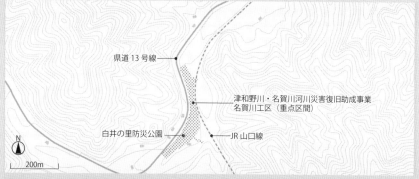

県道 13 号線 ———●

津和野川・名賀川河川災害復旧助成事業
名賀川工区（重点区間）

白井の里防災公園 ———●

JR 山口線

N

200m

上流から見た改築後の頭首工付近の様子（提供：九州大学、林博徳氏）

特徴　・多自然川づくりアドバイザーの島谷教授のアドバイスにより、できるだけ発
　　　　　災前の風景を再生する方針を共有。支援のため九州大学支援チームを組織
　　　　・治水と環境が統合した適正な河道形状の導出、被災した頭首工の形状決
　　　　　定、白井地区で広く見られる野面石積の護岸等のデザイン上の工夫
　　　　・事業中から、河道レイアウトの適正化で創出された左岸広場の活用、SL
　　　　　応援団による様々なイベントの実施

CASE 17 山国川床上 浸水対策特別緊急事業
ルールづくりによる10 kmのトータルデザイン

〔2020年度 最優秀賞〕

DATA

- 所在地　：大分県中津市本耶馬渓町
- 設計期間：2013年5月〜2018年3月
- 施工期間：2013年6月〜2018年6月
- 事業費　：約73.5億円
- 事業概要：床上浸水対策特別緊急事業
　　　　　　約10 km区間中の13地区
　　　　　　（堤防整備延長14 km、河道掘削30万 m³）
- 事業範囲：2012（平成24）年7月3日及び14日の九州北部豪雨、両日とも
　　　　　　200戸近くの家屋などが浸水する甚大な被害
- 事業者　：国土交通省九州地方整備局山国川河川事務所

　2012（平成24）年7月の九州北部豪雨を受けた治水対策検討として、奇岩や馬
溪橋の保全と治水を両立した「山国川床上浸水対策特別緊急事業（以降、床対事業）」
が実施された。当初治水優先の観点から河道内の奇岩の掘削や馬溪橋の架け替えなど
名勝構成要素の改変を含む検討が進められたが、検討を重ね名勝の保全と治水を両立
させた対策案を含む「山国川床上浸水対策特別緊急事業」に着手した。
　事業区間（約10km、計13地区）の奇岩・秀峰、瀑布および石橋等が点在する
風景の保全と、流域としての連続性を感じられる景観の創出が目指された。コンセプ
トや全地区共通の設計・施工時における留意点等を整理した「景観カルテ」と、その
内容を設計施工要領図や事例写真等を用いて分かりやすく示した「山国川ルール」を
関係者間で共有することで、同時並行で設計・施工が進む各地区の景観の質の底上げ
と連続性の確保に努めた。地域に寄り添う復旧・復興事業として高く評価され、土木
学会デザイン賞2020最優秀賞を受賞。

特徴　・床対事業期間5年において13の事業地区の設計・施工を同時に推進
　　　　・設計・施工時における留意点を整理した「景観カルテ」を共有したうえ
　　　　　で、さらにその内容を具体的に示した「山国川ルール」を活用して、全体
　　　　　から細部までの景観配慮を実施
　　　　・「多自然川づくりアドバイザー会議」（計5回）や「景観ワーキング」（計
　　　　　22回）等で計画・設計・施工を見直しながら事業を進め、各地区の景観
　　　　　の質の底上げと連続性を確保

Q20 ▶ 災害復旧・復興事業でまちづくりは可能か?

A-1 ⟨ 復旧・復興のスピードに合わせる

「ごちゃごちゃ言わずに絵を描け、そうじゃないと間に合わない」。

これは、川内川激特事業において、大きな地域模型をつくるなど、事業とまちづくりを関連づけようと思案していた星野裕司氏（熊本大学くまもと水循環・減災研究教育センター准教授）に対して、島谷幸宏氏（当時：九州大学大学院教授）が事業内容の決定が一刻を争うことを訴えたセリフである。

このシーンには、先述の「復旧・復興事業の相反する二つの特徴」がよく表れている。つまり一つは、事業の緊急性に起因する事業スピードの速さ。もう一つは、次世代の地域とインフラの関係を考え直す契機となる可能性である。近年、災害の激甚化にともない復興事業も大規模化している。激特事業による地形の改変などによって、地域とインフラの関係が一変する例も少なくない。このような事業は、地域に大きな影響を与える。そのため空間的にも時間的にも、広い視点から十分に検討を重ね、住民参画などを丁寧に進めながら計画・デザインし、地域のまちづくりと一体的に議論されることが望ましい。

一方、災害復旧・復興事業は、被災した住民の日常の生活を1日も早く取り戻すことが最大の使命である。一般的な公共事業に比べ、すべての協議を十分にしきれないまま事業を進めなくてはならない場面も多い。そのスピードの速さに対応しながらもまちづくりへの展開を実現するためには、タイトなスケジュールで進む設計、施工の各段階で随時提案・議論しながら、計画内容を調整していく工夫が必要となる。

事例の中でも最も広い対象を扱った〈山国川床対事業〉では、事業内容を詳細に決めきれないなかで、施工現場に共有するルールブックを作成し基準を示したうえで、現場で柔軟に対応するなど、広範な対象地で空間の質を担保する独自の工夫がなされた。その結果、奇岩や石橋などを含む地域資源の保全と防災力の向上を両立する事業が実現している（図1,2）。

A-2 ⟨ 最初の意思決定を支えるネットワーク

災害復旧・復興事業を地域づくりにつなげた事例の共通点は、多自然川づくりアド

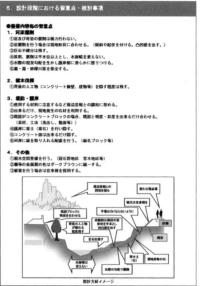

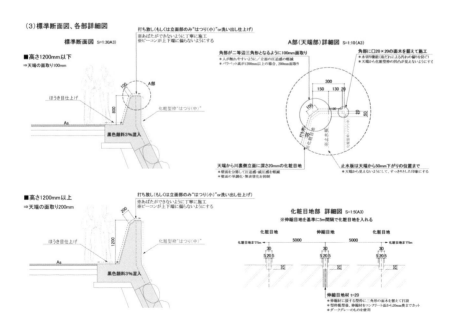

3. 目指すべき景観の方向性

●事業全体のコンセプト

　山国川の美しい流れとその周辺の奇岩・秀峰が織りなす良好な河川環境との調和を図り、昔ながらの素朴な景観を後生に残せるように、景観に配慮した整備に努める。

目指すべき景観の方向性を決定した経緯や理由

・山国川の流域は、名勝耶馬渓、史跡青の洞門に代表されるように奇岩、新緑・紅葉、清流が織りなす四季折々の自然景観に恵まれ、流域の大半が耶馬日田英彦山国定公園区域に指定されている。

青の洞門・競秀峰

日本三大奇勝の耶馬渓

競秀峰と河川が調和している景観〔青地区〕

5. 設計段階における留意点・検討事項

●整備内容毎の留意点
1. 河床整削
　①岩及び岩盤の掘削は極力行わない。
　②岩盤掘削する場合は現地地形に合わせる。（傾斜や起伏を付ける。凸凹感を出す。）
　③旧石や樹分は残す。
　④高刑、瀬割は平水位以上とし、水面幅を狭くしない。
　⑤水際の覆及勾配を生かし緩斜面に滑らかに摺りつける。
　⑥河道・瀬・砂礫河原を保全する。

2. 擁木保護
　①背後の人工物（コンクリート擁壁、建物等）を隠す程度は残す。

3. 堤防・護岸
　①使用する材料に注意するなど周辺景観との調和に努める。
　②出来るだけ、発生発生の石材を利用する。
　③既設がコンクリートブロックの場合、既設と明度・彩度を出来るだけ合わせる。（素材、工法（洗出し、覆面等）
　④護岸に嵩土・客石）を行い隠す。
　⑤コンクリート護は出来るだけ隠す。
　⑥河川に緑を取り入れた配慮を行う。（緑化ブロック等）

4. その他
　①親水空間整備を行う。（競石原地区　菅木地区等）
　②等の金属面の色はダークブラウンとする。
　③維持を行う場合は在来種を採用する。

設計方針イメージ

図3　川内川激特事業の重点区間として整備された虎居地区（提供：国土交通省川内川河川事務所）

バイザー制度の活用である。次節以降でも詳述するが、多自然川づくりアドバイザー制度による初期対応のポイントは、整備対象河川を重点区間[注1]と一般（標準）部に分けること、次に重点区間の計画づくりに専門家を派遣することの２点である。

　今回取り上げた事例の重点区間について見てみる。〈川内川激特事業〉では、さつま町の虎居地区と伊佐市（当時大口市）の曽木の滝分水路が重点区間として指定された（図3）。また〈津和野川・名賀川河川災害復旧助成事業〉では、SL山口号の視点場となっている白井地区が重点区間とされ、できるだけ発災前の風景を再生するという方針が立てられた。この背景には、県が事前に多自然川づくりアドバイザーの島谷氏に対し、地域におけるSL山口号が走る風景の重要性を伝えていたという経緯があった。〈山国川床対事業〉では、全国的にも貴重な石橋群を一体的に残すために区間指定が行われた。

注1）重点区間・重点箇所の設定
　　「美しい山河を守る災害復旧基本方針」において、重点区間、重点箇所は以下のように設定されている。「景観関連法令・自然環境関連法令等の重要地域に含まれる河川区間を、「重点区間」とし、重点区間内の被災箇所の復旧においては、復旧工法の選定や水辺の処理に特別な配慮を求める。法指定のない地域においても、市街地及びその周辺、付近に学校・公園・病院等の公共施設等が存在する地域において被災し、かつ特別な配慮が必要とされる箇所は、「重点箇所」と判定し、標準的に手法によらず検討して良いものとする」。

　重点区間の選定は、事業の成否に大きな影響を与える。最初にこの重点区間の設定で決め手を欠くと、災害復旧・復興事業の計画上重要なポイントが関係者に共有されないまま事業が進んでしまう。さらに河川管理者の多くは、堤内地（まち側）の土地利用などを踏まえた計画検討に慣れていない。アドバイザーにはまちと川との関係を踏まえた計画提案をする役割も求められる。それだけに重点区間は慎重に見極めたいところだが、実際そのための時間はわずかである。多自然川づくりアドバイザーとして派遣された専門家が、わずか1回の現場視察で重点区間を抽出しなければならないケースも多いという。

　重点区間を短期間で見極めるためには、現場視察に際した事前の情報収集や、それを可能にする専門家、自治体、地域住民のネットワーク形成が重要となる。また河川管理者が、各河川の整備計画において、事前に重点区間となる拠点を想定・抽出しておくと、有事の際の迅速かつ的確な復興に向けて大きな助けとなる。多自然川づくりアドバイザーには、それらの情報を踏まえて関係者と現場を確認し、技術的課題や整備内容の実施可能性を踏まえたうえで、配慮すべき内容や計画の方針を明示し、整備方針の合意形成を行う役割が求められている。

A-3〈 ピンチをチャンスに変える体制づくり

　重点区間の抽出を含む整備方針の共有とともに、事業のスタートをうまく切るうえで重要になるのが、事業を進める体制づくりである。災害復旧・復興事業では、その事業の重要性と難度から、行政担当者、現場技術者など土木事業に関わる関係者に、優秀な人材が集まることが多い。つまり初期段階に良い体制が築きさえすれば、整備方針の実現に向けて驚異的な力が発揮され、災害という地域のピンチをチャンスに変えていける可能性は高い。

　さらに、河川の復旧・復興事業は地域に大きなインパクトを与えるため、整備方針と体制づくりの議論は河川の話だけに閉じるべきではない。河川の事業体制に加え、優秀なプランナーやデザイナーが加わり、事業・計画・デザインが三位一体となる体制づくりで、堤内地を含めたまちづくりにつなげることが重要である（図4）。

　こうした有事の連携は、関係者間が日常的なネットワークをもち、各々が蓄積した経験を、事業を跨いで共有できる場をもつことによって可能となる。災害復旧・復興事業の優れた実績は、九州に多い。これには、九州地方整備局による「景観形成管理システム」の本格運用（2007年4月）と、風景デザイン研究会における専門家ネットワークの存在が大きく寄与している。

図4　学識者やデザイナーの事業への継続的な参画（山国川床対事業におけるアドバイザー現地視察）

　〈川内川激特事業〉では、各地区の整備事業において景観カルテが作成され、重点区間では風景デザイン研究会に所属する専門家である島谷氏と星野氏がアドバイザーを務めた。九州地方整備局やコンサルタントは、その後も〈白川・緑の区間〉（熊本市）[注2]の整備や〈白川河川激甚災害対策特別緊急事業〉[注3]などを通じて、河川の復旧・復興に関わる経験を蓄積してきた。その蓄積の成果が発揮されたのが、今回取り上げた事例で最も新しく、最も広範囲を扱った〈山国川床対事業〉である。被害のあった13地区全体の景観カルテが作成され、さらに各設計業務とは別に「景観検討業務」も発注されたことで、事業期間中の継続的なデザイン検討が実現している（図5）。

注2）白川・緑の区間（河川堤防・河川緑地）
　　国土交通省九州地方整備局熊本河川国道事務所による白川の熊本市中心市街地区間の河川改修事業。川幅の拡幅、堤防整備による洪水危険性の低減と同時に、緑の保全、歴史的景観の継承、水辺空間の創出により豊かな都市の水辺を創出した。2015年度グッドデザイン賞受賞。
注3）白川河川激甚災害対策特別緊急事業（龍神橋〜小碩橋間）
　　2012（平成24）年7月の豪雨災害を受けた河川激甚災害対策特別緊急事業。白川の龍神橋から小碩橋の区間で約5年かけて堤防整備を行った。治水に重きが置かれる激特事業において、河川環境の変化を最小限に抑え、地域住民が日常的に利用できる河川空間が目指された。2020年度グッドデザイン賞受賞。

図5　山国川床対事業によって従前のまちと川の風景が残った馬渓橋周辺 (提供：丹羽信弘氏)

Q21 多自然川づくりアドバイザー制度を活かすには？

A-1 ガイドラインとアドバイザー制度を理解する

　ここでは三つの事例で参照された、河川の改修・復旧（原形復旧、改良復旧）事業に関わるガイドラインの策定経緯やその内容、および各事例で活用された多自然川づくりアドバイザー制度の概要と課題を見ていきたい。

　河川改修、復旧（原形復旧、改良復旧）事業に関するガイドラインは、2006年の多自然川づくりの基本方針策定以降、検討が重ねられた。現在では大河川、中小河川それぞれに対して、各河川改修、復旧（原形復旧、改良復旧）をカバーするようにガイドラインが整備されている（p.198コラム参照）。

　現在のガイドラインの基本となったのは、2011年に作成された『多自然川づくりポイントブックⅢ』である。その後の「美しい山河を守る災害復旧基本方針」を含めたガイドライン類のポイントとして、①河岸、水際部への配慮事項の具体化、明瞭化、②景観、環境上重要な箇所または地域において特別な配慮が必要な区間を指定する重点区間の設定と、特別な配慮を行うことの明文化などがあげられる。さらに河岸・水際部の整備に対しては、護岸をなるべく露出させない、させる場合も相当の配慮を行う、淵・樹木・湧水などがある場合は保全する、河川景観と自然環境の観点から護岸工の材質別に具体の留意事項に配慮する、コンクリート系護岸については評価制度を創設し製品の底上げを目指す、など具体的な配慮事項が示されている（図6）。また重点区間はグレードを挙げた整備をすることが位置づけられている。これらガイドライン類の記載が、復旧・復興事業における整備方針策定の指針となっている。

　2005年に設けられた多自然川づくりアドバイザー制度は、災害後の復旧・復興事業などで一連区間の河川整備を大規模かつ短期間のうちに実施するための制度である。多自然川づくりに関して広範な知識を有するアドバイザーを、事業者の要請によって現地に派遣し、スムーズな災害復旧事業の展開を行う（図7）。現在は、災害復旧の改良事業を対象に主に実施されており、地方整備局からの要請により、大学・国土技術政策総合研究所・土木研究所から担当者が派遣されることが多い。全国的にアドバイザーの数はまだ少なく、今後災害が頻発した際の対応に向けた体制の構築が課題である。

　また先述のように、重点区間の抽出について様々な課題はあるものの、抽出された箇所の多くは相応の整備が実現している。しかし重点区間以外の一般部における整備はまだまだ課題が多く、河川全体のデザインのあり方の検討は今後の課題といえる。

基準・ガイドライン等でのポイント（どちらかといえば中小河川について）

1. 河積拡大は拡幅によって行うこと、河床幅を広く取ることが大切であることを示した。
2. 河岸・水際部の取り扱い方を明瞭にした。
    - 片岸拡幅、護岸の露出を割ける、河畔樹木を大切に
    - 水際部を固定しない
    - コンクリート護岸を用いる場合の留意事項
3. 環境上重要な区間や箇所については特別な配慮を行なうことを求めた。
    - 水辺拠点を抽出し、特別に配慮する。
4. 重要種が生息する可能性が高い場合は特別の配慮を行うことを求めた。

河岸と水際部の取り扱いの考え方

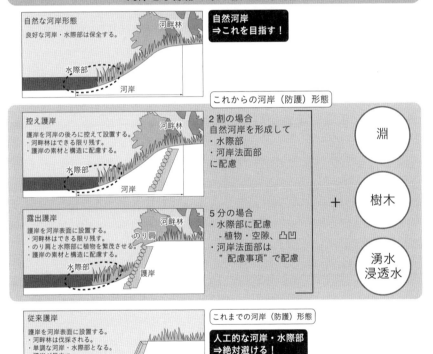

図6　ガイドラインの概要（トークセッションズの菅場氏のスライドをもとに筆者作成）

多自然川づくりアドバイザー制度

激特事業や災害助成事業等では、一連区間の河川整備を大規模かつ短期間のうちに実施することが多くなるため、多自然川づくりに関して広範な知識を有するアドバイザーを現地に派遣し、スムーズな災害復旧事業の展開を行う必要がある。

対象事業

・河川激甚災害特別緊急事業
・河川災害復旧等関連事業緊急事業
・河川等災害関連事業（一定計画に基づいて実施するもの）
・河川等災害復旧助成事業

災害の規模、従前の河川環境の状況等を踏まえ、以下の事業においても、必要に応じて本制度を活用することができる。
・河川等災害関連事業（関連）（上記対象事業（必須）に該当するものを除く）
・河川等災害復旧事業（単災）

派遣の流れ

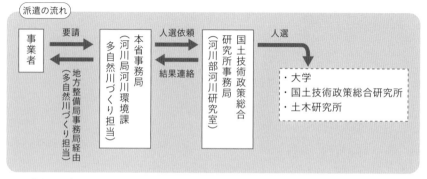

図7 多自然川づくりアドバイザー制度の概要（事務連絡「激特事業及び災害助成事業等における多自然川づくりアドバイザー制度の運用について」をもとに、トークセッションズの菅場氏のスライドより筆者作成）

A-2 〉災害の現場で、良い川をつくる勇気をもつ

　ここからは、現場で奔走する多自然川づくりアドバイザーの立場に目線を変えて、アドバイザーに求められる役割と技術について見ていきたい。アドバイザーの仕事は、整備方針や重点区間の設定、配慮事項などについて、現場で直接指導しながら決めていくことである。しかしそのほとんどが一発勝負であり、その指導には相当なプレッシャーがかかる。また特に犠牲者が出ているような凄惨な災害現場の場合、自然災害や有事に際して人々の生命・財産を守ることに加えて、景観や環境のあり方など、次世代の日常の生活の豊かさを支えるための川づくりに向けたコメントをするのはアドバイザーにとっても勇気がいることである。

図8　多自然川づくりアドバイザーを契機とする九州大学支援チームの協力（津和野川・名賀川河川災害復旧助成事業名賀（なよし）川工区）（提供：九州大学、林博徳氏）

　アドバイザーには、技術的な知識はもちろん、事業をまちづくりへとつなぐための環境、景観、地域の歴史・文化への視座が欠かせない。さらには事業を取り巻く制度や整備コストの理解、行政側の事情を踏まえて計画の実現可能性を見定める実践力、そのうえで譲れない整備方針を粘り強く交渉する精神力まで、幅広い能力が求められる。社会課題が複雑化するなか、災害復旧・復興の現場で行政のインハウスエンジニアだけがこの役割を担うのはますます困難になっている。災害復旧・復興事業を地域づくりへと展開するためにアドバイザーに期待される役割は大きくなってきているといえる。

　整備方針と体制づくりがかたまった後も、事業の進捗を確認しながら継続的に課題を解決していく柔軟性も重要となる。例えば、都市河川の現場は、事業計画段階に入って河川空間が十分に確保できないことが判明し、理想的な整備方針・整備計画が立てられないケースもある。また、関係者間で重点区間の整備方針がまとまった後も、技術検討段階での実現可能性を読みきれない、あるいは工法の適用ができない、製品が見つからないなど、様々な課題が出てくる。アドバイザーには、こうした事業の困難すべての対応に伴走する胆力も求められる（図8）。

A-3 アドバイザーを現場で育てる

　河川や生態系のあり方、まちのあり方を総合的に見据えて事業をつくり、実践する。総合的かつ高度な能力を求められる多自然川づくりアドバイザーという仕事を担える人材は、先述したとおりとても少ない。だからこそ人材の育成は喫緊の課題である。特に、公共事業としての制度・コスト・関係者の調整は、現場で経験を積むことでしか学べないが、そのような機会の創出もまた難しいのが現状である。

　アドバイザーが現場で経験を積むため、次世代を担う土木研究所や国土技術政策総合研究所の若手が現場に同行することがある（図9）。しかし多自然川づくりアドバイザーである萱場氏は「自分自身が責任をもって判断する立場となり、時には失敗を積み重ねなければ、トレーニングにならない」と述べる。特にまちづくりとの連動を目指す場合、前例も少ないうえに、自然環境や歴史文化といった地域性はまちによってまったく異なり、その判断はより難しくなる。同アドバイザーの島谷氏は「本来は失敗から技術が進歩するため、川の中は壊れたら直せばよいと考え、チャレンジする

図9　現場で多自然川づくりアドバイザー育成の様子（提供：萱場祐一氏）

ことも重要だが、現場でそのような計画を合意形成していくことは難しいのが現状」
と述べている。

　確かに年度ごとの事業の区切りを前提とする現在の公共事業の枠組みでは、継続的
な関わりや修正を前提とする計画の合意は非常に難しい。まして災害復旧・復興事業
ではなおさらである。しかし、河川は絶えず動き変化するものであり、計画者も地域
も継続的に関わるものであると捉えたうえで、より良い関係づくりのためにできるこ
とはないか、と考えていくことが大切である。これは、アドバイザーのみならず、河
川管理者、コンサルタントといった関係者にとっても同様の課題である。公共事業に
も、次世代を担う若手の技術者が、現場でチャレンジし学んでいける土壌づくりが求
められているのではないだろうか。

Q22 地域の将来を見据えてデザインするには？

A-1 〈 河川の時間を知る

　災害復旧・復興に焦点を当てた今回の議論で特に重要なポイントは、河川のもつ「長い時間」や河川がつくられる「空間の骨格」を考えること、そのうえで、将来に向けた「余白」のある整備をすること、の3点であった。

　まず、河川のもつ「長い時間」とは、川の将来に対する想像力をもって整備を検討する大切さを指摘したものである。整備された川が本来の良い姿になるまでには少なくとも10年、さらに良くなるには50年という時間を要する。またそれだけ長い時間その地域に存在してきた河川を軸に、都市や地域の骨格、ひとの営みなどが重なることでその地域の「空間の骨格」がつくられてきた。この「長い時間」と「空間の骨格」を意識して、計画・デザインを検討する必要がある。

　これは、河川事業や災害復旧・復興事業に限らず、長い時間地域を支えるインフラを対象とするどの事業にも共通する大事な点である。さらにいうと、そのインフラが

図10　余白のある河川デザイン：整備を契機とする活動の展開（曽木はっけんウォーク）

空間や構造物として立ち現れる際には、人々が日々どう眺め、触れるのかまで、丁寧に考える必要がある。土木のデザインは、時空間の大きな骨格の把握と細やかな配慮、その両方を必要とする。

　最後は「余白」である。河川は道路や橋梁のような他の土木構造物と異なり、本来自然が形成してきたものであり、水の流れによって常に形を変えるものである。河川整備においては、固定した形を精緻につくり込むのではなく、長い時間のなかで水の流れや河床が動いても破綻することのないデザインが求められる。そのなかで、一時の整備で河川のあり方つくり込みすぎるのではなく、将来にわたって地域の人々が河川に関わりつづけ、川の価値を長く未来につないでゆける「余白」をつくっておくことが大事なポイントといえる。川内川の曽木の滝分水路の荒々しい空間は、自然再生や地域活動などこれからの関わりしろを、余白として豊かに残したデザインといえる（図10）。

　その意味で、河川の特性を理解した災害復旧・復興事業は、必然的に竣工時点が完成形ではなく、長い時間をかけて地域の空間骨格を形成していくことになる。河川と地域の長期的なあり方を考える一つの契機となる事業ともいえる。将来に向けた地域の骨格となりつつ、人々が関われる自由度と余白のある河川を計画・デザインをしていけるかが問われている。

A-2〈 構造令や基準の背景を理解する

　その土地の環境、生活、文化、歴史と深く関わる河川のあり方はそれぞれ異なる。そのため、本来河川整備事業においては、その地域にあった河川のあるべき姿を追求することが大切である。一方、河川の設計をする際に必要とされる指標に、河川管理施設等構造令（以下：構造令）などの一般的な技術的基準があげられる。構造令などには解説が記載されているが、公共事業ではこの解説にある数値などを遵守して検討される場合が多い。しかし島谷氏は「構造令のおおもとの考え方は、流水を安全に流す構造であることであり、本当に決められていることはわずかしかない。細かい基準まで定められているように捉えられるのは、解説の内容まで無批判に守ろうとするから」であると述べる。つまり河川整備のなかで、個々の条件に沿って安全性などについて検討を重ねれば、構造令の解説にある数値を柔軟に解釈することが可能である。しかしそのためには、構造令の背景まで理解したうえでの丁寧な技術的検討が必要となる。また地域にあった河川のあるべき姿を追求するためには、他の各種基準類についても同様にその背景を含めて精通する必要がある。

　例えば、川内川激特事業（曽木の滝分水路）整備では、河床の仕上げを決定する

図11　分派する分水路（提供：国土交通省川内川河川事務所）

際、水理解析における粗度係数について、以下のような検討をしている。当初粗度
係数について『水理公式集』記載の「ギザギザで不規則な岩場掘削の粗度係数（n = 0.035 〜 0.050)」にあたる 0.045 を適用していたが、岩場掘削がされた下流の<ruby>轟<rt>とどろき</rt></ruby><ruby>狭窄部<rt>きょうさくぶ</rt></ruby>の出水時（2006 年 7 月）検証粗度が 0.035 だったことを踏まえ、「平滑で一様な岩場掘削の粗度係数（n = 0.025 〜 0.040)」にあたる 0.035 を採用することとした。これにより、計算上の水の流れがスムーズになり、掘削面積を減少させ、線形設定の自由度を増すことができた（図 11）。この検討時にもアドバイザーの存在が大きく寄与している。このように景観、治水、双方に目を配れ、構造令や基準を熟知した専門家の参画は、河川整備の可能性の拡大に大きな役割を果たすといえる。

A-3 〈 事業を超えて地域と関わりながら計画する

　河川整備事業においては、各計画段階で継続的に地域のひとたちとコミュニケーションをとることが大切である。地域と共創的な議論を重ねる重要性は、近年多く指

図12　地域住民による河川改修計
　　　画への参画
　　　（提供：九州大学流域システム工学
　　　研究室）

摘されている。特に地域の骨格形成や洪水の発生確率など、50年、100年と長い時間軸で地域に影響を与える河川整備では、事業期間より長いスパンで、地域住民と継続的な関わりを生むことが求められている。

　河川整備事業、特に災害復旧・復興事業は、国や県を事業主体として進められることが多い。しかし地域と河川の継続的な関係の実現のためには、最も地域に身近なインフラの整備・管理主体である基礎自治体の主体的な取り組みが重要となる。特に流域治水やかわまちづくりなど、川とまち（堤内地）の関係の一体的な検討がより重要となってきているなか、災害復旧・復興事業においても、市町村の都市計画、商工観光といった地域づくりに関わる部署と連携した計画づくりが求められる。

　さらにいうと、その基礎自治体の担当者も数年ごとに部署を交代することが多く、事業スタート時に一度築いた関係を継続していくことは難しい。そこで、さらに長い期間の川づくり・地域づくりを見据えた際には、自治会や商工会など住民や地域組織との関係づくりや持続的な議論が大切な役割を果たす。

　川内川激特事業（虎居地区）では、虎居区公民館がその役割を果たしている[注4]。虎居区公民館は、長年地域振興と交流を担っており、災害時も避難指示・誘導、その後の復旧活動に貢献していた。復興事業においては、九州大学による水理模型実験への参加、景観計画策定、整備内容の検討など、河川改修計画にも積極的に関わっている（図12）。その結果、整備後も虎居区公民館を中心とする住民主体の活動が継続され、避難訓練の実施、ハザードマップ作成、植樹による景観づくり、各種行事の開催など、河川整備を契機とするまちづくりが進められている。

注4）虎居公民館「大水害からの復興（地域の願いを込めて）」は2013（平成25）年度手づくり郷土賞（一般部門）を受賞。

Q23 ▶ 災害復旧・復興事業の未来のかたちとは？

A-1 ⟨ 地域のまちづくりと流域スケールをつなぐ

　近年、気候変動にともなう水害リスクは増大しつづけている。その対応に向け、従来の河川整備による治水や安全度の向上に加え、流域治水など都市計画・地域計画と連動した河川管理施策への転換が議論されている。その際の課題として、災害復旧・復興事業を含めた河川空間整備において、水系としての河川管理のあり方と、各地の地域再生の連携を生む計画手法の不在があげられる。全体計画をトップダウンで各地域に降ろしていく方法論の限界が指摘されている一方、個々に特徴が異なる河川整備現場でのボトムアップの議論と成果を、長い時間軸を見据えた流域スケールの議論につなげていく計画論の構築が求められている。

　また個々の河川事業にフォーカスした際には、先述のように多自然川づくりアドバイザー制度を通して拠点として抽出された重点区間と、それより延長が長い一般部の計画検討あり方の関係性については課題も多い。このように河川を対象とするからこその、時空間スケールを長期的かつ広範に横断する課題の解決に向けた、計画・デザインの議論が求められているといえる。

A-2 ⟨ 次世代の災害復旧・復興のあり方を考える

　近年頻発する災害からの復旧・復興においても、地域特性を活かした住民主体のまちづくりが目指されるとともに、事業過程における土木デザイン分野への社会的要請はより多様化している。NYの「Rebuild by design（RBD）」[注5] において機能復旧に留まらないレジリエントな復興が提唱されるなど、災害復旧・復興におけるデザイン分野への社会的要請の高まりは世界的な傾向である。しかし、複雑な公共事業の制度とデザイン分野の役割の接続には課題が多い。日本の災害復旧・復興事業における取り組みはもちろん、RBDにおいても既往の公共事業制度とデザイン提案の実現の矛盾が課題とされており、世界的に公共事業におけるデザインの考え方の転換期にあるといえる。特に復旧・復興事業においては、住民の生活再建への迅速な事業推進と多岐に渡る事業内容の調整と並行し、適切な住民参画や住民意見の計画反映が求められ、実効性のある復旧・復興の計画・デザイン手法の提案には様々な課題がある。日

本国内を見ても、いまだこれらの課題を創造的に解決し、災害復旧・復興事業を契機に地域の新しいビジョンを体現した事例は少ない。

　現在、日本の災害復旧・復興事業は災害前の状況の復旧を基本としている。しかしこれまで見てきたように、河川整備事業のような「長い時間」と「空間の骨格」に関わるインフラ整備は、地域の歴史を改めて見つめなおし、自然に素直で、地域に新しい価値をもたらすインフラをつくるチャンスである。この土木や地域のデザインの本質に関わるチャンスを活かし、形にしていく方法論を、継続して現場で考え、実行していくことが大切である。

注5) Rebuild by design（RBD）
　　2012年10月に米国北東沿岸部を直撃したハリケーン・サンディーの被害からの復興において、米国・住宅都市開発省（HUD）が実施した、国際コンペ実施から実装段階までに至る災害復興および減災デザインの取組み。

〈コラム〉多自然川づくりとアドバイザー制度の経緯

　ここでは、多自然川づくりとアドバイザー制度の経緯を紹介する（図13,14）。
　2004年に多自然川づくりレビュー委員会が設置され、直接技術指導をする制度であるアドバイザー制度は2005年に始まった。2006年から「多自然川づくりの基本方針」について検討が始まり、ガイドラインとして『多自然川づくりポイントブックI・II』がつくられた。その後、特に中小河川の多自然川づくりのレベルが低いという問題提起がなされ、2008年「中小河川に関する稼働計画の技術基準」が作成された。川幅の拡幅を基本とし、流速を上げないといった、流域治水につながる考えが示された画期的な内容であった。

多自然川づくりの経緯

スイス・ドイツなどの近自然河川工法の紹介

1990	多自然型川づくりの推進の通達

これまでの多自然型川づくりの反省

2004	多自然型川づくりレビュー委員会
2006	多自然川づくり基本指針

多自然川づくりの推進

2005	多自然川づくりアドバイザー制度
2007	多自然川づくりポイントブック
2008	多自然川づくりポイントブックII
2008	中小河川に関する河道計画の技術基準
2010	同基準の改定
2011	多自然川づくりポイントブックIII
2014	美しい山河を守る災害復旧基本方針改定
2018	同基本方針の改定、大河川における多自然川づくりQA集

図13　多自然川づくりの経緯（トークセッションズの萱場氏のスライドをもとに筆者作成）

その後、河川改修を対象としたガイドライン『多自然川づくりポイントブック
Ⅲ』が2011年に作成された。2014年には比較的規模が小さい災害の原形復旧
を対象に「美しい山河を守る災害復旧基本方針」が改定され、さらに2018年に
規模が大きい災害（改良復旧）を対象とした改正が行われた。同年大河川におけ
る多自然川づくりQA集がつくられた。「美しい山河を守る災害復旧基本方針」
では、「景観関連法令・自然環境関連法令等の重要地域に含まれる河川区間」ま
たは「法指定のない地域においても、市街地及びその周辺、付近に学校・公園・
病院等の公共施設等が存在する地域において被災し、かつ特別な配慮が必要とさ
れる箇所」は、重点区間・重点箇所として設定され、グレードを上げた整備をす
ることを位置づけられた。本章で紹介してきた各事例はこれらの一連の取り組み
の成果としても位置づけられる。

基準・ガイドライン、技術支援の現状

項目	対応	中小河川	大河川
改修	基準・ガイドライン等	技術基準・ポイントブックⅢをベースとして計画・設計を行うこととしている。	
	アドバイザー等の技術支援	特別な要請がない限り、技術的支援は行っていない。	
災害復旧（原形）	基準・ガイドライン等	2014年にポイントブックⅢ等の知見を盛り込んだ「美しい山河を守る災害復旧ガイドライン」が発刊	2018年に「大河川における多自然川づくりQA」を発刊
	アドバイザー等の技術支援	制度上は多自然川づくりアドバイザーにおいて対応可能だが、実際には要請がない	
災害復旧（改良）	基準・ガイドライン等	2018年に「美しい山河を守る災害復旧基本方針」の第3編にポイントブックⅢをベースに改良復旧の具体的方法を盛り込んだ	
	アドバイザー等の技術支援	短期間で大規模に河川を改変することから、多自然川づくりアドバイザー制度に基づきアドバイスを実施。ただし近年災害件数が激増していることから、質を維持したアドバイザー制度の運用が難しくなるかもしれない。	

図14　多自然川づくりの基準・ガイドライン、技術支援の現状
　　　（トークセッションズの萱場氏のスライドをもとに筆者作成）

第4部

土木デザインのすすめ

ここまで第1部「土木の造形——地域の物語をつむぐトータルデザイン」、第2部「都市の戦略——まちの未来を託すシンボル空間のデザイン」、第3部「自然との共存——川と暮らしをつなぐ時間のデザイン」にテーマを分けて土木デザインを論じてきた。第4部ではこれらを俯瞰し、土木デザインとは何をすることなのか、それぞれの事例が達成しようとしたことは何だったのか、その実現のためにどのようなアプローチが必要なのかを考えていく。ここで明らかになったのは「土木デザインとは、土木の仕事そのものの目的を確認し、計画を具体化する体制と戦略を整え、形として実現し、将来にわたって維持していくこと、すなわち土木の仕事そのものにほかならない」ということである。

1. 触れられる土木で地域を再発見する

星野裕司

目に触れる、ということ

　まず本節では、第1部「土木の造形——地域の物語をつむぐインフラデザイン」にまとめられた三つのトークセッションズについて、横断的に考えていきたい。それぞれは、都市高速道路というメガインフラからひとに近い歩道橋、あるいは様々なアクティビティを促す広場と、スケールも機能も異なる"土木"を対象とした議論であった。しかし、一見バラバラに見える対象にも、共通する土木デザインへの示唆がある。まず挙げられるのが、視覚を通した体験だろう。

　景観の最も素朴な理解は、環境の視覚的な眺めである。当たり前なことだが、目に接触しているモノは見えない。モノを見るためには、必ずひととモノの間に距離が必要となる。しかし一方で、そのことと矛盾するような「目に触れる」という言葉がある。この言葉が示すように、私たちは視覚を通しても、離れているモノとの距離を縮め、触れるように身体的にそのモノを体験しているのである。

　この点を重視すると、chapter1〜3のベンチも、高欄も、換気塔も、変わらない設計対象として、すべてをひとつながりに理解することができる。最も身近なのは、直接触れることのできる対象として chapter3 で論じた、ひとの行為を微分的に捉え、多様なアクティビティを誘発する様々なファニチャーのデザインだろう。もう少し大きなスケールになると、chapter2 における、歩道橋の形を整えつつも触れたくなるデザインがなされた高欄や、直接触れるわけではない排水などを、眺めとして違和感ない形状におさめる工夫。そして chapter1 で紹介した巨大インフラでは、直接触れられることのない高架橋や換気塔の多種多様な形をまとまりや連続性が感じられるようにおさめる、定石のデザイン。また、いずれにおいても、仮設時の仮囲いや橋梁の排水施設、広場のグレーチングといった、機能的な必要性から生まれる些細なものまでデザインする姿勢をもっていたことは強調しておきたい。これは、対象物を差別し

ないフラットな視線があるからこそ生まれたものである。

デザインという対話の契機

　このような理解には、土木デザインにとって、大きく二つの含意があると思う。一つは、先に述べたように、直接触れられる、使われるかどうかにかかわらず、目に触れるものは、手にとられるものと同様の繊細さでデザインする必要があるということ。

　そしてもう一つは、デザインにおいて当然と思われているであろう、利用者目線の強度である。伊藤亜紗は『手の倫理』（講談社、2020）において、「ふれる」という行為について、「信頼」「コミュニケーション」「共鳴」という点から論じている。この議論を拡張すれば、すべてのモノがひとの目に触れるとき、そこには「信頼」に基づいた「コミュニケーション」が生まれ、「共鳴」することで伝わっていくという対話が生じると考えることができる。利用者との対話は、アンケートや意見交換会の場だけではない。デザインが実現された後にこそ、持続的な対話が生まれるのである。この持続的な対話を豊かにするという目的を達成するための機会として、アンケートなどがあると考えるべきだと思う。

　利用者はシビアである。その対話が快適で豊かなものにならなければ、すぐに使わなくなり、見向きもしなくなる。しかし一方で、その対話が豊かなものになれば、私たちの想像を超えたリアクションを引き出すことができる。思いもよらなかった使い方だったり、大切に手入れし守ってくれたり。三つの chapter において、信頼感という言葉も一つのキーワードとなっていたことも示唆的である。それは、事業者と市民の間や、場所と市民の間に生まれるものであるが、信頼感とは実のある対話のなかでしか築くことはできない。土木が大切に使われ、きちんと維持管理されるためのヒントは、利用者との豊かな対話と強い信頼感にあり、そのためにデザインがなされるのだと考えたい。

地域の物語を再発見する

　では、デザインを通した対話で伝わるものは、どのようなものか。土木施設もまちも、それ一つで存在している訳ではない。道のつながりや水の流れ、あるいは歴史の蓄積など、目に見えないものがつながりあって成立している。ここでは、この目に見えない関係のことを物語と呼ぼう。土木のデザインにおける対話は、この物語について行われると考えてみてはどうだろうか。多くのデザイン検討において、デザイン

テーマやコンセプトというものが立てられる。それらの言葉を、抽象的であまり意味のないものとはせずに、利用者との対話を通して伝えたいこと、すなわち、デザインされるものが引き受け、利用者に伝えられる物語を端的に示すものとして考えれば、コンセプトを表す言葉選びそのものも、デザインにおける大切なプロセスということになるだろう。

例えばchapter3で取り上げた〈グランモール公園再整備〉においては、ベンチを構成するレンガには横浜港とつながる様々な都市の名前が、あるいは、水飲みの水盤には横浜を流れる川の名前と線形が彫り込まれている。表層的・直喩的な海のイメージだけではなく、公園全体のデザインが「横浜における海の物語」としてデザインされている。

デザインを通した対話によって共有される物語は、もちろん、このような時空間的に形成された環境だけではない。事業の意図や効果、あるいは、設計や施工において克服した難しい条件も、うまく共有されれば、物語となりうる。chapter1で取り上げた都市高速のデザインにおいて、その物語を共有するため、わかりやすいテーマの設定から、素敵なロゴマーク、仮囲いから手提げ袋まで、貪欲にデザインしていったように。

自由度を高める仕組み

このような取り組みは、決して少数のデザイナーによってのみ行われるものではないし、また、行えることではない。特に、多様な主体やステークホルダーが関わる公共事業においてはなおさらだろう。そのような実践を支える仕組みが必要である。

例えば、〈高速神奈川7号横浜北線〉においては、首都高デザインにおける「いいものをつくる」というチャレンジの伝統をベースに、トータルデザインコンセプト「次世代都市空間と自然の調和　URBAN ∝ NATURE」（伝えるべき物語の端的な表現）を、対外的にも社内的にも浸透させることで、長期にわたる検討を支えるチームを構築していった。chapter2に取り上げた歩道橋でも、その実現にあたっては、デザイナーもエンジニアも立場を超えてフラットに議論できるチームがデザインの実現を支えている。chapter3の〈トコトコダンダン〉では、官民協働の体制が先進的なデザインコンペ実施を実現可能にし、設計から施工、維持管理まで、デザイナーの一貫した関わりを実現させている。

これらに共通して重要なのは、単にデザイナーやエンジニア、ステークホルダーなど様々な主体が協働できる体制をつくるだけではなく、チームづくりを通して、メンバーたちの権限やデザインそのものの自由度を高めることを目指している点である。

土木のデザインにおいては、制約条件をそのまま受け入れるだけではなく、制約条件自体を問い直すことも重要である場合が多い。こうした議論は、チームメンバーたちが自由に発想できる環境が整ってこそ生まれるのである。

　もちろん、それぞれのメンバーが自由に議論しているだけではデザインを集約させることはできない。参考にしたいのは、chapter1 で紹介されているように、整備に関わるすべての作業や項目をリストアップするプロセスだ。物語を端的に表現するコンセプト、メンバーが自由に活動できるチームづくり、皆の努力が有効に機能するためのマネジメント。これらを包含するものが、デザイン戦略と言われるものである。

　「土木の造形」とは、デザインを検討するチームにおいて、メンバーがそれぞれの力を活かすことができる、いわば内向きの対話によって創出され、その結果として、強い信頼感に基づいた豊かな対話、利用者との、いわば外向きの対話を育んでいくのである。

2. まちの顔となる、生き生きとした舞台をつくる

二井昭佳

デザインでまちを救う

前節では、デザインが生み出す「かたち」のもつ力や可能性について述べた。目や手を通じて「かたち」と対話することで、私たちは地域の物語と出会う。その対話が豊かであれば、地域の物語はさらに大きく紡がれていく。豊かな対話と強い信頼感を生む「かたち」は、継承可能な地域づくりに大きな力を果たすはずだ。

本節では、そうした地域の物語を「かたち」にまとめあげていく過程に光をあて、第2部の議論をもとに、デザインの構想・計画的な面について述べていきたい。

第2部で取り上げたのは、津波で甚大な被害を受けながら、被災前とは異なる新たな魅力を生み出し、見事に復興を成し遂げた〈女川駅前シンボル空間〉。原爆の爪痕が残る太田川に、まちと川をつなぐ質の高いかわまち空間を創出し、水の都・広島の復活の起点となった〈太田川基町護岸〉。そして短時間観光の立ち寄り地に回遊性を生み出し、まちなかを巡り滞留する人々で賑わうきっかけをつくった〈津和野川環境整備〉の三つである。

これらは、単なる道づくりや川づくりではなく、まちを再生するデザインであった。そうしたデザインの実現に必要な構想・計画のポイントを考えていこう。

まちの履歴を読み解き、肝となる場所を探す

まちを再生するうえで、肝となる場所はどこだろう。

その手がかりは土地やまちの履歴を読み解くことで見えてくると、第2部の事例は教えている。現在のまちの姿は、綿々と続いてきた先人たちの営みが重なり合ってできている。なぜ、ここにまちが生まれ、その形になったのか。そのまちが、ほかならぬそのまちとして、今あることに深く関わる場所を探すことが大切なのだろう。

第2部の事例は、いずれもそうした場所を選び、力を入れている。例えば、津和野川では、武家屋敷の並ぶ殿町通りと、津和野川が接する場所を最も重視している。武家屋敷と町人地を貫く目抜き通りと、城下町を守る役目も果たす川が出会う場所だ。通りの突き当たりとなる橋詰に広場を配し、通りから川に向かうひとの自然な歩みを生み出す。藩校の〈養老館〉と川の境目をぼかす緩やかな斜面で、水辺とまちを一体化する。これにより殿町通りという線でしかなかった空間が、川を取り込み面的な広がりをもつ空間になることで、回遊性が生まれ、人々の居場所が生み出された。

　また、津波でまちの履歴の多くを失った女川では、「まちを丸ごとつくり直すことに直面した時、海と暮らしを本当の意味でひとつにする」という発想に至ったという。女川という土地に、女川というまちの暮らしが営まれてきた。その原点はなんだろうか。たどり着いた答えが、女川の海であり、海から女川を指し示す山だった。女川の海と山を結ぶ線上に位置する〈女川駅前シンボル空間〉は、単なる賑わい空間ではない。女川というまちの履歴を継承し、これからもここで生きることを宣言する空間である。

　こうしてまちの履歴を読み解き生まれた空間は、すべて「まちの顔」となっている。それは、暮らす人々のアイデンティティを支える風景である。何をデザインするかの前に、どこをデザインすべきか、まずはそこを丁寧に考えることから始めたい。

場所・ひと・ことを土木デザインでつなぎ、まちの顔をつくる

　肝となりえる場所が選べたとして、そこを「まちの顔」にするにはどのような取り組みが必要だろう。第2部の事例から見えてくるのは、常識にとらわれずに多面的な場の価値を構想する姿勢、ひと・ことを発掘するプロセス、設計者による質の高いデザインの三つだ。

　まず多面的な場の価値を構想する姿勢から見ていこう。例えば〈太田川基町護岸〉では、川を都市の骨格と位置づけ、後背地のまちの特性に合わせたかわまち空間によるまちの舞台をつくり、新しいコミュニティの創出も実現していた。河川設計の常識にとらわれることなく、都市づくりの観点から、その場所に求められる機能を設定したことで、場の価値を創出できたといえる。

　川に限らず土木施設は機能が自明だと思われがちだ。橋を例に挙げれば、ここから向こうにひとや車などを渡す。これが最低限の機能だろう。しかし、それだけを満足すれば良いとは限らない。場所を印象づける、技術を継承する、賑わいを生む、思い出を想起させる、恋を育むなど。橋には様々な機能を想像することができるし、実際、そうした機能が価値となっている素晴らしい橋が多く存在する。多面的な価値を

創出するには、第2部の事例のように、まずその場所に必要な機能を構想することから始めるのが重要だといえるだろう。

　二つめはひと・ことを発掘するプロセスである。女川では、住民＝地域で暮らす専門家、事業者＝実際に事業を行うプロとし、行政や設計者を含めた全員が専門家として議論に参加するよう工夫していた。具体的に言えば、設計案を示して議論し、それを踏まえて設計案を修正し、再び提示して議論することを何度も繰り返すプロセスをとっている。「皆さんの夢を描いてみましょう」とか、「ここでどんなことしたいですか」といった、言葉は悪いが、よくあるお気楽なワークショップとはまったく異なる。議論した内容をもとに空間がつくられるから、真剣勝負の議論が展開するのである。

　こうしたプロセスは、「その場所で生きていく覚悟をもった人々の意見」を聞き、彼らが「自分ごととして深く関わってこそ、このエリアが育ち、将来像を描ける」という信念に支えられている。実際のところ、こうしたプロセスを実施するのはかなり大変だ。しかし、このプロセスがあって初めて、担い手や使い手といった「ひと」が発掘され、舞台で行われる「こと」が生まれるのだろう。真剣勝負なくして、ひと・ことを発掘することはできないと肝に銘じたい。

　最後が設計者による質の高いデザイン検討である。真剣勝負を展開するためには、住民の意見をただ聞いて形にするだけではダメだし、設計者の独善的な提案はもっと困る。前者では、短期的な意見が支配的だった場合、その場所が本当に大切にすべき価値を見失ってしまう可能性があるし、後者では設計者がそもそも場所と向き合っていないからだ。

　つまり、設計者がデザインのプロとして、場所の潜在的な価値を引き出す案を提案できるかどうかが、住民参加では重要だといえるだろう。質の高いたたき案があってこそ、地域で暮らす専門家としての住民意見を引き出すことができるからである。

　そう考えると、住民参加が一般化しつつある今こそ、太田川や津和野川のように、住民と議論し計画を練るのが難しかった時代の設計者の姿勢に立ち返ることが重要だといえる。意見が聞けないからこそ、土地の履歴や文化を丁寧に読み解き、ひとの気持ちや行動を深く想像し、全体の計画や個々の空間デザインに取り組んでいたことは5章で述べた通りである。

　そして行政には、そうした設計者に依頼できるよう、質の高いデザイン検討が必要な場合には、提案型の発注方式を採用することを強くすすめたい。

羅針盤となる、まちの将来像を描く

　場所を選び、常識にとらわれない多面的な価値の構想をもとに、ひと・ことを発掘するプロセスを踏まえて、質の高いデザイン検討により計画を練る。それに加えて、もう一つやっておきたいことがある。それが、羅針盤となるまちの将来像を描くことだ。

　まちを再生する土木デザインでは、どうしてもその性質上、道や川、公園や建物など、複数の敷地にまたがることになる。つまり単体の土木施設のデザインよりも、関係者が多くなる。また住民参画というプロセスをとったとしても、現実には住民の多くが参画するのは難しい。だから、計画を共有し、共感を得るためのツールが必要となる。

　女川では、「女川町まちづくりデザインのあらまし」という10ページ程度とコンパクトで、かつビジュアルにまちの将来像をまとめた冊子を作成している。単にデザインの結果を記すのではなく、デザインの狙いや意図も記されていることで、議論に参加できなかったひとも計画のプロセスを想像できる。太田川や津和野川の時代は住民参加が一般的でなく、女川と同じような公開された冊子はないが、太田川ではまちと川の関係をわかりやすく描いた鳥瞰図、津和野川ではまちと川が一体となる空間を立体的に表現した模型などが、そうした役割を担っていたのだろう。

　近年の土木プロジェクトでは、土木のデザインをその意図やプロセスを含めて地域の価値として共有するため、「デザインノート」と呼ぶまちの将来像を描く冊子を作成することが多い。先述の女川のほかにも、岩手県大槌町の復興まちづくりでの「大槌町デザインノート」や、町田市の「南町田拠点創出まちづくりプロジェクトにおける景観形成の考え方ノート」、飯田市の「飯田・リニア駅前空間デザインノート」や山中湖村の「山中湖村デザインノート」、狛江市の「多摩川周辺エリア 未来デザインノート」など、どんどん実践事例が増えている。これらは、いわゆるバックキャスティング思考による計画ともいえるだろう。最初に目指すべきまちの将来像を描き、それを羅針盤にプロジェクトを進めていく。具体的な空間イメージとその意図が記されていることで共感が得やすく、関係者との協議にも効力を発揮する。明確なゴールを共有しているムーブメントは強い。実現に向けたプロセスを練るところまで気を配ることが大切だ。

　以上が第2部の事例から導き出した、まちを救うデザインのポイントである。どれも特に奇をてらうことのない誠実なプロセスの積み重ねである。労を惜しまず、地道に、そして丁寧に取り組めるか、それがまちの将来を左右するのだと思う。

3. 自然と暮らしの関係を結びなおす

福島秀哉・山田裕貴

二項対立を乗り越える思考

　土木デザインの対象は、構造物、都市を超えて、時に自然と暮らしの関係づくりにまで及ぶ。

　第3部の二つの論考で登場する事例は、河川の規模や事業の契機に違いはあるものの、どれも河川整備を通して自然と人々の暮らしをつなぎ直そうとした挑戦的な試みだった点で一致している。ここで達成されたのは、ここまで重ねて指摘してきた、二項対立的に語られがちな自然（災害）と暮らし（日常）の関係を、再構築する土木デザインであった。

　もともと近世までの日本の各地では、軍事・舟運・農業・防災など実用的で多様な河川との関係があった。そして人々は、これらの必要不可欠で直接的な河川とのふれあいのなかで、納涼や花火大会、散策といった水辺で暮らす豊かな文化を育んでいた。しかし特に高度経済成長期以降の急激な近代化のなかで、舟運や農業といった都市と河川との実用的な関係が徐々に失われ、人々の河川への関心も薄れていった。そして人々が関心を失った河川は、洪水を防ぎ、水を効果的に下流へと流す単機能の装置へと変化してしまったのである。こうした自然に関わるインフラの単機能な装置化こそが、自然と暮らしを対立的にみてしまう、二項対立的思考の要因ではないだろうか。

　「ふるさとの川モデル事業」「多自然川づくり」から、近年進められている「かわまちづくり」へとつながる一連の河川施策が取り組んできたのは、こうして失われたまちと川との関係をつなぎあわせ、そこに再び水辺とともにある豊かな生活文化を取り戻すことである。さらに防災面でも、災害の激甚化により、河川区域だけで洪水を防ぐことの限界が露呈してきており、堤外地（川）だけでなく、堤内地（まち）の土地利用と一体となった、流域治水の必要性が指摘されている。このように自然や環境の

状況が大きく変化するなか、河川をただの"水を流す装置"として位置づけたままでは、数十年後、数百年後の地域の姿を描き、持続可能で安全な自然との関係を考えることはできない。土木デザインの役割は、決して単機能なインフラ装置の効率化ではなく、自然と暮らしの新しい関係を生む思考の転換とその実現にあるといえよう。

　ただ自然と暮らしの関係性の再構築といっても、これまでの蓄積してきた整備を考慮せずに、抜本的にすべてをやりかえるのは難しい。少なくともしばらくは、高度経済成長期以降整備されてきた現在の公共事業の枠組みをベースとしつつ、自然との関わり方、考え方を転換していく必要がある。そのために重要なのが、自然と暮らしの時間を結びなおすデザインである。時間に関して、過去と未来の二つの眼差しの方向性がある。過去については、和泉川の事例のように、地域の方に昔の川の姿、川との関わりや体験を直接聞く場合もあれば、整備に関わるエンジニアやデザイナーがその土地の環境・生活・文化・歴史を見つめ直し、紐解く場合と、方法は様々であるだろう。いずれにしても、その地の人々と自然とが積み重ねてきた関係に眼差しを向けるところから始める必要がある。また未来に向けては、川を整備するという機会そのものが、数十年以上ないうえに、一度つくられた川はまちやひとの暮らしに与える影響が多大である点を再度指摘しておきたい。chapter7 で前述したように、この数十年の一度の整備は、まちの骨格をつくる事業ともいえる。骨格はそうそう変えることはできないので、暮らしにとって極めて重要な器となる。未来への意識をもって、将来まちに暮らす住民の関わりシロとなる余白がある骨格をデザインできるかがポイントとなる。

川とまちをつなぐ技術と制度

　では、そのような視点をもったうえで、どのようにすれば自然と暮らしの時間を結ぶデザインが可能となるのか、事例から整理したい。取り上げた事例群は、自然と暮らしを結ぶ技術の前提として、河川空間あるいは水に対する理解の深さが重要であることを教えてくれる。

　例えば和泉川や伊賀川では、河川空間を立体的に捉え、身体感覚にまで引き寄せてデザインされており、さらに吉村氏は河川空間を越えて、まち側まで考慮して設計を行っている。河川空間を考えるにあたり、高い解像度かつ広い範囲で考え、その河川断面を定規断面にのみに捉われず、身体感覚で空間を巧みに造形し、川と暮らしの接点を多く生み出すことに成功している。糸貫川では洪水時の流速を考慮し、護岸を外すことを可能とすることで、川とのダイレクトな接点を生み出している。川内川では粗度係数といった表面のざらつきまで考慮し、技術的な検証を行ったことが、激特事

業でありながらも唯一無二の景観を生み出した結果につながっている。山国川では広大な範囲の一つひとつのまちと河川との関係を丁寧に読み取り、デザインに活かしている。

このような技術を実現するためには、現行の制度や基準への深い理解も不可欠である。基準をよく熟知し、その本質と限界を理解することが、各地域の川のあるべき姿を考え、実現することにつながる。島谷氏の「構造令のおおもとの考え方は、流水を安全に流す構造であることであり、本当に決められていることはわずかしかない」という発言からは、基準を深いところまで理解したうえで、より広い視点で川を考えていくことの大切さが伝わってくる。

また制度や基準の理解とともに、「現場」も重要視される。糸貫川では原田氏が施工時に石組みの確認を行い、現場で細かな指示を出している。現場の検討写真が多く登場した chapter7 の多自然川づくりアドバイザー制度の基本も常に現場での対話にある。その場で考え即座に決断する勇気が必要になる現場は、何よりも技術者の良い成長の場であり、空間を良くできる機会でもある。計画者自身が河川と深く関わり計画していくこと、その場と機会を創出できる事業の制度や基準のあり方を考えていくことが求められているといえる。

新しい風景を生むビジョンとプラットフォーム

ここまで、自然と暮らし、防災と日常、川とまち、といった二項対立から脱却し、両者の関係を昇華した新しい関係を創出していく必要性と、そのための思考の転換、技術や制度や体制の理解の大切さについて述べてきた。現行の制度や基準のあり方を現場で嘆いていてもしょうがなく、変わるまで待っていたのでは遅い。それらの制約のなかで、いかに新しい風景づくりを喚起するビジョンを立てるか、戦略的に実践していくかが問われている。今回取り上げた第3部の事例群は、多くの課題や困難を乗り越える大切さとその先にある可能性を示してくれている。

読者のなかには、こんなスーパーマンのように課題を解決するなんて、自分には到底できないと思う方も多いだろう。しかし、これらはどれも1人で行ったプロジェクトでない。共感してくれる仲間を見つけ出し、つながっていく体制を整え、チームで取り組む発想が大事である。行政だけでも、設計者だけでもなく、専門家、自治体、地域住民と様々な立場や役割を分担するネットワークがあってはじめて、持続可能なチームとなる。

さらにいえば、自然や河川がもつ長い時間を見越したチームづくりは、ある公共事業の事業期間内だけの取り組みでは足りない。公共事業を契機としながらも、住民、

地域との関係を長期的に実現するプラットフォームづくりが必要となる。ある地域に住み、地域に根ざしながら計画・設計を行う、そんなローカルな技術者としてのあり方にも、可能性がある。さらには、将来の地域を担う子どもたちが自然や川と関係をもち、つながっていくプログラムづくりも必要となるだろう。

　地域の過去から未来までを地域全員で見通し、長く関わりつづけることを通して、自然と暮らしの時間を結ぶ土木デザインが実現するのである。

4. 土木デザインの一歩を踏み出すために

福井恒明

景観への配慮から土木デザインへ

　「景観は何をどこまでやればよいのかわからない」国土交通省のあるキャリア官僚
は言った。公共土木事業に景観検討を組み込む制度設計の提案をしていた時の言葉で
ある。騒音や大気汚染対策と同じ考え方で景観を捉えようとしているのだな、と感じ
た。つまり一定の手続きやわかりやすい水準を達成することで対応できるもの、とい
う前提で景観を考えているということだ。

　「景観を点数評価できないか」こんな声もよく聞かれる。公共事業の費用便益分析
を専門としていた上田孝行さん（故人）に、景観の定量的評価について土木学会で解
説していただいたことがある。上田さんは景観分野のことがよくわかっていて、数学
を使って丁寧に説明してくれた。結論は、景観を定量的に評価するのは原理的に難し
いということだった（平成18年度土木学会全国大会研究討論会「公共事業の景観評
価を考える」）。

　現場では「景観への配慮」というフレーズが様々な場面で使われている。例えば土
木構造物本体の構造設計を淡々と進めたあと、最後の段階で色彩や仕上げ材料を選定
するときに、あるいは斜面崩壊を防ぐ工法を選ぶ判断をするとき、またあるいは橋梁
形式を選定する際のキーワードとして「景観に配慮して」という。これらの前提に
は、事業の基本的な目的は別にあり、付加的に対応するものとして景観を捉えるとい
う発想がある。そこには、何か外的な基準を尊重して遠慮しているのだという姿勢が
見える。このようなときにつくり手の主体性を感じさせる「デザイン」という用語が
用いられることはまずない。

　だが本書で取り上げてきた17の事例が、このような「景観への配慮」の延長上に
あるものではないことは容易に理解されよう。

　目次に戻って23の問いを眺めてみよう。ここに書かれているのは「景観への配慮」

のテクニックではない。それぞれの事業チームは、インフラだけでなくその地域の暮らしに必要な機能とはそもそも何なのかを捉え直し、既存の枠組みにとらわれず、地域の価値向上のためにインフラが何を達成すべきなのかを検討している。

　日本の人口は減少に転じ、毎年どこかで災害が起きている。発展するどころか地域社会の存続が危ぶまれる場所もある。そのようななかで行われる新しい道路の建設、河川の改修、公園の整備、災害対策や復旧といった土木の仕事は数十年、数百年先の地域の姿を決めてしまう影響力をもっている。下手をしたらかえって地域の価値を損ねてしまうかもしれない。そんな事業を目の前にして、どうすればいいのかを真剣に考えるひとが増えてきた。つまりインフラの機能実現だけでなく、地域の価値向上を実現する土木デザインの必要性が高まっているということだ。

　だが、地域の価値向上は受動的な景観へ配慮では得られず、主体的な土木デザインによって得られるのだという理解は、まだ十分に浸透しているとは言えない。

小さな納得と共感から始める

　「そんなことを言われてもピンと来ない、どこから手を付ければいいのか」と、途方に暮れてしまう若い読者も多いだろう。そんなときは事例探しから始めたい。インターネット上で検索した写真を見たり、土木学会デザイン賞の作品選集を取り寄せたり。あるいは思い切って現地に行けば、得られる情報は格段に増える。あまり理屈を考えすぎずに「これ良いな」「ここ好きだな」という感覚を大切にしたい。土木学会デザイン賞の受賞作品はこの本が出るころには 200 件を超えているし、それ以外にもグッドデザイン賞や都市景観大賞など、様々な賞の受賞作品がネット上に公開されている。最近は SNS での発信も増えている。

　いきなり良いデザインが提案できなくても、良いデザインを良いと感じる感覚は結構だれにでも備わっている。たくさんの事例を現地で体験すれば、自分なりの見方は自然と鍛えられる。そのうち、気に入った事例についてだれかに話したくなるに違いない。こんなおいしい店があってね、と話すように、こんな気持ちの良さそうな川があってね、かっこいい橋があってね、と身の回りのひとに話してみてはどうか。「デザイン」だと煙たがられるかもしれないが、写真を見て「こんなのができたらいいな」なら話を聞いてくれるひとは増えるのではないだろうか。そのような小さな納得と共感が土木デザインを進めるゆりかごになる。

　土木デザインは成果が出ると喜んでくれるひとが多い反面、粘り強い調整が必要な骨の折れる仕事である。集団でものをつくりあげる土木の仕事で、1 人ですべてを仕切ることはできない。土木デザインの敵は孤立である。孤軍奮闘ではいずれ力尽きて

しまう。仲間づくりが重要だ。

　まずはいつもそばにいる近くの仲間。職場や現場で、土木デザインの意義を理解してくれるひとを、あなたの他にもう1人つくりたい。既存の枠組みを疑おうとすると、従来の仕事と違う手順や作業が必要となる。そのような決断が必要なときに賛成してくれる仲間は大切だ。行政職員の方なら、地域住民のなかから応援してくれる理解者を見つけることもできるだろう。

　次に要所で頼りになる遠くの仲間。この本に出てくるような土木デザインの専門家は色々な事例を知っているし、現地へ呼べば地域の課題や大切にすべき資源について指摘してくれるだろう。大学の教員と一緒に学生が地域に入ってきて、新しい風を吹かせるきっかけになるかもしれない。そして、あなたと同じように現場で悩ましく思っているひとと知り合いになれれば、情報交換ができる。学会やイベントへの参加、メーリングリストの登録などでアンテナを高くしておきたい。

土木デザインは土木の仕事そのもの

　本書の冒頭で「土木デザインとは何かを考えること」と「土木デザインにどう取り組むか」を一体として論じる構成であることを説明し、その理由は読めばわかる、と書いた。最後に改めて、土木デザインとは何かを考えてみたい。

　一般に計画とは、あらかじめ決められた目的を実現する適切な手段や手順を考えることである。しかし土木デザインには、達成すべき目的があらかじめ与えられていない。ここでいう目的とは、安全・円滑に交通を通す道路の実現や、洪水から地域を守る河川の整備といったインフラそのものの機能ではない。地域の姿や住民の暮らしをどのようにしていくか、そのためにインフラが何を達成すべきかという、地域のビジョンとそのなかでのインフラの役割のことである。つまり土木デザインには、そもそも何を達成すべきかを問い直す作業が含まれていて、むしろその重要度が高い。だから事前に目標が設定されている騒音や大気汚染対策とは比べものにならないくらい手ごわいのだ。

　抽象的になってしまうことを承知で「土木デザインとは何か」を説明すると次のようになる。土木デザインとは、地域に必要なビジョンの設定に始まり、計画を具体化する体制と戦略を整え、暮らしや国土を支える実体を長期に維持する仕組みを構築し、さらにこれらすべてが一貫性をもつよう目配りすることである。すなわち、土木デザインは土木の仕事そのものにほかならない。だれか1人がデザインを担うのではない。発注者・設計者・施工者のチーム、そしてその場所で生きていく住民を含むステークホルダーが、それぞれの役割を果たしながら取り組む過程の総体が土木デザインである。

おわりに

　「葉さん、来年でデザイン賞が 20 年になるんだけど」。そう中井祐さんから声がかかった。当時中井さんは土木学会デザイン賞選考委員会の委員長、私は前委員長だった。すぐに思い浮かんだ、受賞作を一覧できるちゃんとした作品集をつくる、という案は皆が望むところではあったが、すでに出版事情が厳しい時勢にあり実現性は低かった。あれこれ思案するなかから、作品に関わったひとたちの話を気楽に聞いてもらう場をもつ、という企画に至る。研究発表会の懇親会で一人ずつ「こういうことをやりたいから一緒にやってくれる？」と唐突に声をかけ、ワーキングのメンバーを決めていった。そこから本書の執筆チームが生まれた。もちろんその時点ではこのような形に結びつくとは思ってもみなかったのだが。トークセッションズの経緯と本書までの道のりは福井さんが記してくれたとおりである。

　デザイン賞受賞作品を通して、土木デザインを考えたのが本書である。この賞を受けていなければ優れた土木デザインではない、ということは全くない。ぜひ応募して、と思う作品には各地で出会う。例えば石川県山中温泉の鶴仙渓遊歩道は素晴らしく、その事業の関係者を探してみたのだが、たどり着けなかった。小さな自治体の名もなき技術者や地元の施工者が愛情を注ぎ丁寧に行った仕事は、素晴らしい土木デザインとなっている。むしろこうした無名性の作品に、土木デザインの一つの、そして確かな手本がある。

　そのことを頭の中にしっかり刻み込んだうえで、デザイン賞を審査するという仕事を振り返ってみたい。デザイン賞立ち上げの準備のため、議論を重ねたのが 2000 年。その時は作品ではなく、ひとを表彰することにこだわった。翌年から始まった賞の募集、審査、表彰は、やがて四半世紀になろうという時のなかで、変化し、深化している。存続の危機もあった。本書著者チームのほとんどは、その過程を支えてくれたメンバーである。頼もしい幹事団が整えたテーブルの上で、延べ百人を超える審査員が、数百の応募の中から 200 を超える作品を選定してきた。土木学会デザイン賞をどのように捉え、評価するのか。実見を踏まえた各人各様の価値判断をぶつける議論は、究極には「土木デザインとは何か」という問いであり、その都度選考委員会として責任を負った答えを出してきた。トークセッションズでは、評価にフォーカスした議論も行われつつある。批評という創造的な行為の成長なくして、批評対象となる作品の進化はない。デザイン賞の継続とそれをめぐる議論を育てていきたい。

　さて、本書のコンテンツにまつわる動きがスタートしてからの約 4 年間をすこし

別の視点で振り返ると、社会全般においてもいくつかのキーワードの台頭があるように思う。一つは「デザイン思考」に集約されるデザインという概念の拡大である。経済産業省は経営戦略やイノベーションにデザイン思考は必須と位置づけている。土木の仕事においても参照されるべき視点であり、本書のテキストの向こうにこのキーワードを読み取ることができる。

　いま一つのキーワードは、ダイバーシティではないだろうか。たまたま私自身が土木学会のD＆I（ダイバーシティ・アンド・インクルージョン推進）委員会委員長を務めていることもあるが、ここ数年土木に限らず、ジェンダーやLGBTQといったワードと共に世の中で言及されることが格段に増えた。このキーワードは二つの面で土木デザインに大変示唆的だ。まずは、土木デザインを実践する主体のダイバーシティである。キーワードこそ表面化していないが、本書で語られた協働やチームは多様性が前提となっている。次いで認識しておきたいのは、ダイバーシティあるいはD＆Iという言葉への理解の格差である。デザインは色形の話、余裕があるときに考えること、と捉えるひとがいまだにいるように、D＆Iは女性を入れること、と実に表層的に捉えているひともいるのである。ここではあえて結論的に言ってしまおう。デザインもD＆Iも、一人ひとりのなりたい姿とそれをとりまく環境のことなのだと捉え、それに深く向き合い、その都度固有の答えを模索する。換言すれば、自律的で創造的な生き方の問題なのである。本書に並んだ17の作品の多様性を俯瞰しながら、土木デザインの議論は一人ひとりの生き方を問うものでもあると感じた。

　末尾となるが、本書の出版の提案から一言一句へのアドバイスまで、終始多大なエネルギーを注いでくださった学芸出版社の岩切江津子さんには心から感謝申しあげる。異なる視点をもつ他者との対話こそが、自らの思考を深化させる。彼女を含めたチームの仕事が読者の心に新しい風を吹き込んでくれることを期待している。

2022年11月

佐々木葉

土木学会デザイン賞受賞作品一覧

2001

最優秀	中央線東京駅付近高架橋	橋梁
	汽車道	街路・歩道
	志賀ルート―自然と共生する道づくりー	道路
	門司港レトロ地区環境整備	広場・公園
	牛深ハイヤ大橋	橋梁
優秀賞	滝下橋	橋梁
	鳴瀬川橋梁	橋梁
	筑波研究学園都市ゲート	ID
	千葉東金道路・山武区間	道路
	与野本町駅西口都市広場	駅舎・駅広
	都市計画道路宮源新橋上金井線改良事業	街路・歩道
	フォレストブリッジ	橋梁
	MIHO MUSEUM APPROACH	橋梁
	鶴見橋	橋梁
	中筋川ダム	ダム
	鹿児島港本港の歴史的防波堤	港湾
	阿嘉大橋	橋梁

選考委員	
選考委員長	篠原 修
選考委員	大熊 孝　榊原 和彦　杉山 和雄　北村 眞一　佐々木 葉　田村 幸久
主査幹事	齋藤 潮

2002

最優秀	日光宇都宮道路	道路
	小浜地区低水水制群	河川
	鮎の瀬大橋	橋梁
優秀賞	堺町本通	街路・歩道
	銀山御幸橋	橋梁
	ふれあい橋	橋梁
	浦安・境川	河川
	おゆみ野駅舎・駅前広場景観設計	駅舎・駅広
	東岡崎駅前南口広場ーガレリアプラザ	駅舎・駅広
	スプリングスひよし展望連絡橋	橋梁
	津和野川河川景観整備	河川
	池田へそっ湖大橋	橋梁
	南風原高架橋	橋梁

選考委員	
選考委員長	杉山 和雄
選考委員	大熊 孝　齋藤 潮　田村 幸久　加藤 源　澤木 昌典
主査幹事	川崎 雅史

2003

最優秀	陣ヶ下高架橋	橋梁
	であい橋	橋梁
	岸公園	広場・公園
	ラグーナゲートブリッジ	橋梁
優秀賞	さいたま新都心東西連絡路「大宮ほこすぎ橋」	橋梁
	角島大橋	橋梁
	南本牧大橋	橋梁
	壺屋やちむん通り	街路・歩道
	高松市内の高速道路（高松西 IC～高松東 IC）	道路
	多摩都市モノレール立川北駅	駅舎・駅広
特別賞	太田川基町護岸	河川

選考委員	
選考委員長	杉山 和雄
選考委員	石川 忠晴　加藤 源　齋藤 潮　石橋 忠良　川崎 雅史　内藤 廣
主査幹事	平野 勝也

2004

最優秀	豊田市児ノ口公園	広場・公園
	源兵衛川・暮らしの水辺	河川
優秀賞	朧大橋	橋梁
	綾の照葉大吊橋	橋梁
	四国横断自動車道 鳴門西パーキングエリア周辺	橋梁
	世界文化遺産との調和～東海北陸自動車道	道路
	札幌駅南口広場	駅舎・駅広
	桑名 住吉入江	河川
	阿武隈川渡利地区水辺空間（水辺の楽校）	河川

選考委員	
選考委員長	内藤 廣
選考委員	石川 忠晴　加藤 源　樋口 明彦　石橋 忠良　佐々木 葉　宮沢 功
主査幹事	福井 恒明

2005

最優秀	和泉川 東山の水辺・関ヶ原の水辺	河川
優秀賞	皇居周辺道路及び緑地景観整備	街路・歩道
	新潟みなとトンネル（西側の掘割区間の道路）	道路
	イナコスの橋	橋梁
	子吉川二十六木地区多自然型川づくり	河川
特別賞	横浜市における一連の都市デザイン	景観・まちづくり

選考委員	
選考委員長	内藤 廣
選考委員	佐々木 政雄　島谷 幸宏　三浦 健也　佐々木 葉　樋口 明彦　宮沢 功
主査幹事	岡田 智秀

2006

最優秀	木野部海岸 心と体を癒す海辺の空間整備事業	海岸・港湾
	牧野富太郎記念館	建築
	小布施景観・まちづくり整備計画	景観・まちづくり
優秀賞	勝山城	橋梁
	第二東名高速道路芝川高架橋	橋梁
	茂漁川ふるさとの川モデル事業	河川
	長崎水辺の森公園	広場・公園
	みなとみらい線	駅舎・駅広

選考委員	
選考委員長	天野 光一
選考委員	江川 直樹　島谷 幸宏　樋口 明彦　小野寺 康　西川 和廣　宮沢 功　佐々木 政雄
主査幹事	星野 裕司

2007

最優秀	苫田ダム空間のトータルデザイン	ダム
	モエレ沼公園	広場・公園
	山形県金山町まちなみ整備	景観・まちづくり
優秀賞	志津見大橋	橋梁
	精進川～ふるさとの川づくり～（河畔公園区間）	河川
	矢作川 古鼡水辺公園／お釣土場	河川
	鳥羽・海辺のプロムナード「カモメの遊歩道」	街路・歩道
	JR浜松駅北口駅前広場改修計画	駅舎・駅広
	キャナルタウン兵庫	景観・まちづくり
	アルカディア21住宅街区	景観・まちづくり

選考委員	
選考委員長	天野 光一
選考委員	江川 直樹　佐々木 政雄　田中 一雄　小野寺 康　島谷 幸宏　西川 和廣
主査幹事	星野 裕司

2008

最優秀	学びの森	広場・公園
	富山LRT	駅舎・駅広
優秀賞	天間川橋梁	橋梁
	嘉瀬川・石井樋地区歴史的水辺整備事業	河川
	植村直己冒険館及び植村直己記念スポーツ公園	広場・公園
	沼津駅北口広場	広場・公園
	子守唄の里 五木の村づくり	景観・まちづくり
奨励賞	片山津温泉砂走公園あいあい広場	広場・公園
	小田急小田原線小田原駅	駅舎・駅広
選考委員特別賞	星のや軽井沢	宿泊施設

選考委員	
選考委員長	天野 光一
選考委員	江川 直樹　小出 和郎　西川 和廣　小野寺 康　田中 一雄　吉村 伸一
主査幹事	八馬 智

2009

最優秀	新豊橋	橋梁
	遠賀川 直方の水辺	河川
	津和野本町・祇園丁通り	街路・歩道
優秀賞	紀勢宮川橋	橋梁
	萬代橋改修工事と照明灯復元	ID
	上信越高原国立公園 鹿沢園地自然学習歩道施設	広場・公園
	黒川温泉の風景づくり	景観・まちづくり
奨励賞	地獄平砂防えん堤	砂防

選考委員		
選考委員長	島谷 幸宏	
選考委員	猪熊 康夫　小出 和郎　宮城 俊作 桑子 敏雄　田中 一雄　吉村 伸一	
主査幹事	二井 昭佳	

2010

最優秀	雷電廿六木橋	橋梁
	油津 堀川運河	河川
	二ヶ領 宿河原堰	河川
優秀賞	川崎ミューザデッキ	橋梁
	福岡市営地下鉄七隈線トータルデザイン	駅舎・駅広
	木の香りが息づく椿原の街並み景観	景観・まちづくり
	各務原市 各務野自然遺産の森	広場・公園
奨励賞	湯布院・湯の坪街道 潤いのある町並みの再生	景観・まちづくり
	板櫃川 水辺の楽校	河川
	景観に配慮したアルミニウム合金製橋梁用ビーム型防護柵アスレール	その他
特別賞	八幡堀の修景と保全	景観・まちづくり

選考委員		
選考委員長	島谷 幸宏	
選考委員	猪熊 康夫　小出 和郎　宮城 俊作 桑子 敏雄　南雲 勝志　吉村 伸一	
主査幹事	二井 昭佳	

2011

優秀賞	はまみらいウォーク	橋梁
	いたち川の自然復元と景観デザイン -1982年からのプロジェクト-	河川
	黒目川の川づくり	河川
	なんばパークス	建築
奨励賞	白水川床固群	砂防
	YKKセンターパーク及び周辺整備	広場・公園

選考委員		
選考委員長	北村 眞一	
選考委員	猪熊 康夫　南雲 勝志　宮城 俊作 卯月 盛夫　西村 浩　山道 省三 桑子 敏雄	
主査幹事	真田 純子	

2012

最優秀	土佐くろしお鉄道中村駅リノベーション	建築
	大阪市中之島公園 [水の都大阪の歴史と自然を継承する公園の再整備計画]	広場・公園
優秀賞	新四万十川橋	橋梁
	各務原市 瞑想の森	建築・公園
奨励賞	札幌みんなのサイクルポロクル	景観・まちづくり

選考委員		
選考委員長	北村 眞一	
選考委員	椛木 洋子　戸田 知佐　西村 浩 高見 公雄　南雲 勝志　山道 省三	
主査幹事	真田 純子	

2013

最優秀	丸の内仲通り	街路・歩道
	ハルニレ テラス	商業施設
優秀賞	札幌都心における個性的なストリート文化の創造 ～創成川通・札幌駅前通～	景観・まちづくり
	川内川激甚災害対策特別緊急事業 (虎居地区及び推込分水路・曽木の滝分水路)	河川
	長崎港松が枝国際観光船埠頭	港湾
奨励賞	旧佐渡鉱山 北沢地区工作工場群跡地広場および大間地区大間港広場	広場・公園
	羽田空港国際線ビル	駅舎・橋梁
	恵那駅前広場・バスシェルター	建築

選考委員		
選考委員長	齋藤 潮	
選考委員	椛木 洋子　高見 公雄　西村 浩 須田 武憲　戸田 知佐　山道 省三	
主査幹事	真田 純子	

2014

最優秀	日向市駅及び駅前周辺地区デザイン	駅舎・駅広
	鬢固公園	広場・公園
優秀賞	鶴牧西公園歩道橋	橋梁
	東京都野川における自然再生事業	河川
	通潤用水下井出水路の改修	景観・まちづくり
	泉パークタウン	景観・まちづくり
奨励賞	富山大橋	橋梁
	丹生川ダム	ダム・広場

選考委員		
選考委員長	齋藤 潮	
選考委員	椛木 洋子　高見 公雄　武田 光史 須田 武憲　戸田 知佐　吉村 伸一	
主査幹事	福島 秀哉	

2015

最優秀	一乗谷川 ふるさとの川整備事業	河川
	北彩都あさひかわ	景観・まちづくり
優秀賞	各務原大橋	橋梁
	大橋ジャンクション	道路
奨励賞	狭山スカイテラス	駅舎・駅広
	行幸通り・行幸地下通路	街路・歩道
	新湊大橋 (臨港道路富山新港東西線)	橋梁

選考委員		
選考委員長	齋藤 潮	
選考委員	須田 武憲　高橋 裕幸　吉村 伸一 高見 公雄　武田 光史　吉村 純一	
主査幹事	福島 秀哉	

2016

最優秀	太田川大橋	橋梁
	白糸ノ滝滝つぼ周辺環境整備	河川
	天神川水門	河川
	上西郷川 里山の再生	河川
優秀賞	新川千本桜沿川地区	広場・公園
	糸貫川 清流平和公園の水辺	河川
	近自然コンセプトによるサンデンフォレスト・赤城事業所の敷地造成	ID
	富山市 市内電車環状線	街路・歩道
	札幌市北3条広場	広場・公園
	ログロード代官山	街路・歩道
奨励賞	福島潟河川改修事業	河川
	月浜第一水門	河川
	日立駅自由通路及び駅周辺地区デザイン	駅舎・駅
	ジョンソンタウン	景観・まちづくり

選考委員		
選考委員長	佐々木 葉	
選考委員	忽那 裕樹　髙橋 裕幸　吉村 伸一 須田 武憲　武田 光史　吉村 純一	
主査幹事	福島 秀哉	

2017

最優秀	アザメの瀬 湿地の転生	河川
	内海ダム	ダム
	十勝千年の森	広場・公園
	神門通り	街路・歩道
優秀賞	新東名高速道路 新佐奈川橋	橋梁
	西仲橋	橋梁
	嘉瀬川ダム	ダム
	東京駅八重洲口開発 グランルーフ・ 東京駅八重洲口駅前広場	駅舎・駅広
	福山市本通・船町商店街 アーケード改修プロジェクト -とおり町 Street Garden-	街路・歩道
奨励賞	富士山本宮浅間大社 神田川ふれあい広場	広場・公園
	富山市まちなか賑わい広場 「グランドプラザ」	広場・公園
	国道18号線 「坂本宿」道路再整備	街路・歩道
	道の駅「田園プラザ川場」	景観・まち づくり
選考委員		
選考委員長	佐々木 葉	
選考委員	東 利恵　髙楊 裕幸 吉村 伸一 忽那 裕樹　森田 昌嗣 吉村 純一	
主査幹事	木村 優介	

2018

最優秀	道央自動車道 (和寒 IC ～士別剣淵 IC)	道路
	高速神奈川7号横浜北線	道路
	津軽ダム	ダム
優秀賞	阪神高速道路 三宝ジャンクション	道路
	美々津護岸	河川
	柏の葉アクアテラス	その他
	伊賀川の働きを活かした 川づくり Space for River	河川
奨励賞	夢前大橋	橋梁
	瀬下排水樋管及び 石積み護岸と周辺施設群	河川
	トコトコダンダン	河川
	東急池上線戸越銀座駅	駅舎・駅広
	グランモール公園再整備	広場・公園
選考委員		
選考委員長	佐々木 葉	
選考委員	東 利恵　萱場 祐一 忽那 裕樹 丹羽 信弘　森田 昌嗣 吉村 純一	
主査幹事	木村 優介	

2019

最優秀	津和野川・名賀川河川災害 復旧助成事業名賀川工区	河川
	女川駅前シンボル空間／ 女川町震災復興事業	景観・まち づくり
	花園町通り	街路・歩道
優秀賞	桜小橋	橋梁
	長崎漁港防災緑地	広場・公園
	草津川跡地公園 (区間5)	広場・公園
奨励賞	竜閑さくら橋	橋梁
	トコトコダンダン	河川
	佐賀城公園 こころざしのもり	広場・公園
	ふらっとスクエア	広場・公園
選考委員		
選考委員長	中井 祐	
選考委員	東 利恵　石川 初　萱場 祐一 長町 志穂　丹羽 信弘 八馬 智	
主査幹事	木村 優介	

2020

最優秀	山国川床上浸水対策 特別緊急事業	河川
	東京駅丸の内駅前広場及び 行幸通り整備 (東京駅丸の内駅舎から皇居に 至る一体的な都市空間整備)	駅舎・駅広
	東部丘陵線 -Linimo-	その他
優秀賞	勘六橋	橋梁
	京都市　四条通歩道拡幅事業／ 歩いて楽しいまちなか戦略事業	街路・歩道
	瀬の再生と土木遺産の再現 八の字堰	河川
	虎渓用水広場	駅舎・駅広
奨励賞	大分 昭和通り・交差点四隅広場	街路・歩道
	百間川分流部改修事業	河川
	高山駅前広場及び自由通路	駅舎・駅広
	奈義町多世代交流広場 ナギテラス	広場・公園
	浅野川四橋の景観照明	景観・まち づくり
選考委員		
選考委員長	中井 祐	
選考委員	石川 初　　萱場 祐一 千葉 学 長町 志穂　丹羽 信弘 八馬 智	
主査幹事	永村 景子	

2021

最優秀	高田松原津波復興祈念公園 国営追悼・祈念施設	広場・公園
	長門湯本温泉街 ～長門湯本温泉観光まちづくり プロジェクト	景観・まち づくり
優秀賞	藤沢駅北口ペデストリアンデッキ のリニューアル	橋梁
	天龍峡大橋	橋梁
	九段坂公園	広場・公園
	南町田グランベリーパーク	広場・公園
	長崎市まちなか夜間景観整備	景観・まち づくり
奨励賞	さくらみらい橋	橋梁
	水木しげるロードリニューアル事業	街路・歩道
	線路敷ボードウォーク広場	街路・歩道
	松原市民松原図書館	建築
選考委員		
選考委員長	中井 祐	
選考委員	石川 初　柴田 久　千葉 学　長町 志穂 八馬 智　星野 裕司 松井 幹雄	
主査幹事	永村 景子	

土木学会デザイン賞受賞作品一覧

著者略歴

福井恒明（ふくい・つねあき）
1970 年生まれ。法政大学デザイン工学部都市環境デザイン学科教授。博士（工学）。清水建設、東京大学、国土交通省国土技術政策総合研究所、法政大学准教授などを経て現職。産学官で一貫して景観とデザインに関する研究・実践に従事。土木学会景観・デザイン委員会にてデザイン賞選考小委員会幹事（2001-08）、デザイン賞検討 WG 主査（2012-）を務める。主な編著書に『景観デザイン規範事例集』（国土交通省、2008）、『ようこそドボク学科へ！』（学芸出版社、2015）、『景観用語事典　増補改訂第二版』（彰国社、2021）。最近は文化的景観の保存とインフラ整備を両立させるための実践や研究に取り組む。

佐々木葉（ささき・よう）
1961 年生まれ。早稲田大学創造理工学部社会環境工学科教授。NPO 郡上八幡水の学校副理事長。博士（工学）。土木学会景観・デザイン委員会にて委員長（2021-）、デザイン賞選考委員会選考委員（2004-2005）、選考委員長（2016-2018）などを務める。デザイン賞受賞作品に世界文化遺産との調和—東海北陸自動車道、恵那市駅前広場・バスシェルター、天竜峡大橋。編著書に『ようこそドボク学科へ！』（学芸出版社、2015）、『ゼロから学ぶ土木の基本—景観とデザイン』（オーム社、2015）など。日常の豊かさを支える風景のデザインが永らくの関心事。

丹羽信弘（にわ・のぶひろ）
1963 年生まれ。中央復建コンサルタンツ株式会社構造系部門技師長。京都大学非常勤講師。技術士（建設部門・総合技術監理部門）。土木学会デザイン賞選考委員（2018-2020）などを務める。京都嵐山で渡月橋を見て育ち、橋の設計がやりたいと土木の道へ。これまで 200 以上の橋や高架橋の計画・設計を行う。土木学会田中賞を東京ゲートブリッジ、小名浜マリンブリッジ、西船場ジャンクションの設計で受賞。共著書に『土木の仕事ガイドブック』（学芸出版社、2021）。自称：愛橋家（Bridge Lover）としても「橋を見上げよう！」と活動中。

星野裕司（ほしの・ゆうじ）
1971 年生まれ。熊本大学くまもと水循環・減災研究教育センター准教授。東京大学大学院工学系研究科修了。博士（工学）。専門は景観デザイン。株式会社アプル総合計画事務所、熊本大学工学部助手を経て現職。社会基盤施設のデザインを中心に様々な地域づくりの研究・実践活動を行う。専門は景観工学・土木デザイン。主な著書に『自然災害と土木 - デザイン』（農文協、2022）、共著書に『まちを再生する公共デザイン』（学芸出版社、2019）、『ようこそドボク学科へ！』（学芸出版社、2015）など。主な受賞に、土木学会論文賞、グッドデザイン・ベスト 100 サステナブル・デザイン賞、土木学会デザイン賞優秀賞、都市景観大賞など。

末祐介（すえ・ゆうすけ）
1974年生まれ。中央復建コンサルタンツ株式会社社会インフラマネジメントセンターチーフプランナー。京都大学大学院地域環境科学専攻修了。修士（農学）。1999年中央復建コンサルタンツ株式会社に入社後、地域計画室、中華人民共和国無錫市駐在、常州市駐在を経て2011年より東北支社にて宮城県女川町の復興まちづくりに携わる。2013年度から2020年度まで、女川町復興まちづくりコーディネーターとして事業調整や住民参加の仕組みづくり、デザインマネジメントに従事。2016年に合同会社モノコトビトを設立、2019年より女川みらい創造株式会社取締役を兼任し、コンサルタントとしての立場だけでなく、まちづくりの当事者として、地域の再生に取り組む。共著書に『まちを再生する公共デザイン』（学芸出版社、2019）。

二井昭佳（にい・あきよし）
1975年生まれ。国士舘大学理工学部まちづくり学系教授。東京工業大学大学院社会工学専攻修士課程修了。博士（工学）。アジア航測株式会社で橋梁設計に関わった後、東京大学大学院社会基盤学専攻博士課程修了。専門は土木デザイン、景観防災論。主なプロジェクトに、太田川大橋（土木学会田中賞・土木学会デザイン賞最優秀賞）や西仲橋（土木学会デザイン賞優秀賞）、桜小橋（土木学会デザイン賞優秀賞）、大槌町吉里吉里地区復興まちづくり（岩手県大槌町）や道の駅「伊豆・月ヶ瀬」など。共著書に『まちを再生する公共デザイン』（学芸出版社、2019）、『鉄道高架橋デザイン（建設図書、2022）など。近年は防災と地域の魅力づくりの両立に関心をもち、研究と実践に取り組んでいる。

山田裕貴（やまだ・ゆうき）
1984年生まれ。株式会社Tetor（テトー）代表取締役。株式会社風景工房共同代表（増山晃太と共同）。熊本大学大学院修士課程修了、東京大学大学院博士課程修了。博士（工学）。法政大学、国士舘大学、東京大学非常勤講師。専門は景観デザイン、土木デザイン。主な受賞に、土木学会デザイン賞、グッドデザイン賞など。主な作品として、ナギテラス（岡山県奈義町）、九段坂公園（東京都千代田区）、神楽坂の街路灯（東京都新宿区）などがある。共著書に『ようこそドボク学科へ！』（学芸出版社、2015）。

福島秀哉（ふくしま・ひでや）
1981年生まれ。株式会社上條・福島都市設計事務所共同主宰。東京大学大学院新領域創成科学研究科国際協力学専攻客員連携研究員。博士（工学）。小野寺康都市設計事務所、（独）土木研究所寒地土木研究所、東京大学大学院工学系研究科助教などを経て現職。東日本大震災復興事業など地域再生に向けたインフラ・公共空間デザインに関する研究と実践に従事。専門は景観工学・土木デザイン。主な受賞に前田記念工学振興財団山田一宇賞、地域安全学会年間優秀論文賞、グッドデザイン賞、土木学会デザイン賞奨励賞、都市景観大賞特別賞など。主な編著書に『まちを再生する公共デザイン』（学芸出版社、2019）など。

p.17,39,41,43,45,69,71,73,99,119,121,149,151,153,173,175,177,179
ベース地図出典：国土地理院・地理院地図 Vector
https://maps.gsi.go.jp/vector/#7/36.104611/140.084556/&ls=vstd&disp=1&d=l

土木デザイン ひと・まち・自然をつなぐ仕事

2022 年 12 月 25 日 初版第 1 刷発行

著　者………福井恒明、佐々木葉、丹羽信弘、星野裕司
　　　　　　末祐介、二井昭佳、山田裕貴、福島秀哉

発行者………井口夏実
発行所………株式会社 学芸出版社
　　　　　　京都市下京区木津屋橋通西洞院東入
　　　　　　電話 075-343-0811　〒 600-8216
　　　　　　info@gakugei-pub.jp　http://www.gakugei-pub.jp/
編集担当……岩切江津子

DTP…………梁川智子
装丁・デザイン…和田昭一（Pass CO., LTD.）
印刷・製本……モリモト印刷

©Tsuneaki Fukui ほか 2022　　　　　　　　　Printed in Japan
ISBN978-4-7615-2837-9